El multiverso

Aurélien Barrau

El multiverso

Nuevos horizontes cósmicos

Traducción de Miguel Paredes Larrucea

 **Alianza** editorial
El libro de bolsillo

Título original: *Des univers multiples.*
Nouveaux horizons cosmiques

Diseño de colección: Estrada Design
Diseño de cubierta: Manuel Estrada
Ilustración de cubierta: Stocktrek/Photodisc/Getty Images

PAPEL DE FIBRA
CERTIFICADA

© Dunod 2023, 3rd edition, new presentation, Malakoff
© de la traducción: Miguel Paredes Larrucea, 2025
© Alianza Editorial, S. A., Madrid, 2025
  Calle Valentín Beato, 21
  28037 Madrid
  www.alianzaeditorial.es

ISBN: 978-84-1148-947-8
Depósito legal: M. 168-2025
Printed in Spain

Si quiere recibir información periódica sobre las novedades de Alianza Editorial, envíe un correo electrónico a la dirección: alianzaeditorial@anaya.es

Índice

Prólogo

Ella se va. Pide una indicación para perderse.
Nadie sabe.

MARGUERITE DURAS, *India Song*

El satélite Planck nos ha proporcionado con una precisión inaudita la primera luz del universo. Esta radiación fósil dibuja el fascinante rostro de la infancia del cosmos. Además, nos permite conocer detalles inesperados sobre las leyes de la física que imperaban algunas milésimas de cuatrillonésimas de segundo después del Big Bang.

Ahora está en marcha la carrera para mejorar estas formidables medidas y se están preparando ya nuevos instrumentos para intentar detectar las ondas gravitatorias primordiales que constituirían no solo un indicio adicional a favor de la inflación y un eco del jovencísimo universo, sino también el primer signo de gravedad cuántica jamás observado. La dificultad de la empresa está a la altura de la apuesta, pero la observación de las ondas gravitatorias procedentes de la coalescencia de agujeros negros con el interferómetro LIGO es más que alentadora.

Mientras tanto, el LHC (Large Hadron Collider, Gran Colisionador de Hadrones) del CERN revela las características finas del campo de Higgs e intenta sacar a la luz otras partículas elementales que podrían completar o modificar el «modelo estándar» de lo infinitamente pequeño.

Esta efervescencia instrumental va acompañada de una inmensa eclosión teórica. Ya se trate de la relatividad general, de la gravedad cuántica o de la teoría de cuerdas, hay nuevas ideas que vienen a la vez a reforzar y a «infectar» nuestro modelo cosmológico, es decir, el conocimiento profundo al que hemos llegado en cuanto a la historia, la forma y el futuro del universo. El escenario en su conjunto está muy bien apoyado por múltiples observaciones, y al mismo tiempo es extremadamente frágil, cargado de numerosas paradojas.

Ha llegado por tanto el momento de cuestionar el edificio en su conjunto. No tanto para intentar derribarlo o desmantelarlo como para explorar nuevas ramificaciones y prolongarlo más allá de lo visible o de lo concebible. Esa es la idea del multiverso.

El concepto de universos múltiples es a la vez extremadamente revolucionario, ya que rediseña los contornos de la realidad e inventa un «otro lugar» radical, y al mismo tiempo relativamente conservador, porque en esencia no es más que la consecuencia de teorías que en parte están muy bien establecidas y abundantemente contrastadas.

He intentado presentar aquí —sin pretender ser exhaustivo— algunas de las cuestiones relativas al multiverso, pensando en un público no especializado pero poseedor de una buena cultura científica. Dado que estas ideas físicas también están inmersas en una historia —necesariamente filosófica y metafísica—, me he permitido aquí y allá algunas digresiones con el fin de poner en perspectiva las cuestiones que el modelo no puede por menos de plantear.

El multiverso quizás sea la venganza de Dioniso contra una física demasiado apolínea...

1. ¿Qué entendemos por un universo?

Y el centro era un mosaico de destellos,
una especie de duro martillo cósmico, de
una pesadez desfigurada, que caía y caía
sin cesar como un frente en el espacio,
pero con un ruido como destilado. Y
la envoltura algodonosa del ruido tenía la
instancia obtusa y la penetración de una
mirada viva.

ANTONIN ARTAUD, *El ombligo de los limbos*

La imagen global

¿Podría ser que todo nuestro universo, la totalidad de todo
lo que nos rodea, tanto los seres como los devenires, las
partículas como las ondas, las palabras como las cosas, no
fuese más que un islote irrisorio e insignificante perdido en
medio de un vasto multiverso? Y lo que es más extraordina-
rio: esos universos múltiples ¿estarían imbricados unos en
otros, en una estructura anidada de mundos como de «mu-
ñecas rusas»? Esta es la imagen, especulativa en algunos
puntos, más fiable en otros, que propone la física contemporánea. Es al menos una posibilidad compatible con lo

que se sabe y se comprende hoy día. Por lo demás, la física en sí misma quizá no sea más única ni esté más unificada que el mundo o los mundos que describe. El llamado pensamiento «racional» se enfrenta a una diversidad sin precedentes. ¿Se deconstruirá en ella? ¿Se renovará hasta el punto de reelaborar sus propios fundamentos?

La historia de la ciencia es en gran medida la historia de un aprendizaje de la modestia. Freud hablaba a ese respecto de «heridas narcisistas»: el abandono del geocentrismo, por ejemplo, no fue fácil. Comprender que la Tierra no ocupa el centro del universo —o que no está más en el centro que cualquier otro punto— no fue evidentemente una evolución indolora.

Después, aceptar que el hombre es un animal más entre los demás, que ni siquiera es, como todavía se dice a menudo, un primo del mono, sino que, estrictamente hablando, *es* uno de los grandes simios, constituye otra evolución aún más difícil de aceptar. Aunque el debate científico sobre este punto hace tiempo que se cerró sin resquicio alguno para la menor duda razonable, y aunque hoy día concebir al hombre como parte de la naturaleza —y no en oposición a ella— es casi tanto una necesidad ética como una evidencia biológica, las reticencias siguen siendo sorprendentemente numerosas. Restos, sin duda, de dogmatismos antropocéntricos y de creencias cómodamente instaladas en su altiva arrogancia. Así pues, no es de extrañar que la idea de bajar de su pedestal a nuestro propio universo provoque cierta incomodidad e incluso una oposición epidérmica.

La evolución de nuestras representaciones del cosmos tiene un sentido muy claro. Al principio fueron geocéntricas, otorgando a la Tierra un lugar muy especial y privilegiado. Luego se hicieron heliocéntricas, confiriendo al Sol un papel preponderante. Luego pasaron a ser galactocéntricas, con una clara primacía para nuestro enjambre de estrellas, la Vía Láctea. Después fueron cosmocéntricas, llevando nuestro universo a la cúspide de lo posible. Hoy se plantea la cuestión de un nuevo paso —quizá el último— en esta evolución: el posible descubrimiento de un acentrismo radical, de una forma de *diseminación* categórica, entendida en su acepción común, científica o filosófica. Al igual que cada una de las estructuras anteriormente consideradas, es el propio universo el que hoy dejaría de ser único y central, para ser reinterpretado como un simple espécimen en un conjunto más vasto y tal vez incluso infinito.

Los universos múltiples pueden darse de diversas maneras. Puede ser en un sentido débil, por ejemplo el de un espacio inmenso en el que los fenómenos varían de un mundo a otro pero donde las leyes siguen siendo las mismas, o bien en un sentido muy fuerte, por ejemplo el de universos-burbuja no regidos por los mismos principios físicos. La diversidad de lo que podría entonces existir sobrepasa el entendimiento y quizás incluso la imaginación. Algunas de estas predicciones sobre la existencia de universos múltiples son altamente creíbles porque emanan de teorías bien conocidas y bien contrastadas. Forman parte del paradigma dominante, aunque sea de forma insidiosa. Se contentan con escrutar mejor o explotar más lo *ya conocido*. Otras, en cambio, son extremadamente especulativas porque resultan de modelos que, por atractivos y elegantes que sean, carecen de apoyo experimental. Conviene distinguirlas escrupulosamente.

Estos multiversos plantean cuestiones fundamentales. Cuestiones sobre la naturaleza del mundo y sobre la naturaleza de la ciencia. Sobre el sentido de nuestros mitos y sobre la posibilidad misma de definir ese sentido. Sean cuales sean las conclusiones que saquemos de una confrontación con estas propuestas, tienen el mérito de suscitar algunas preguntas abismales que una práctica puramente técnica de la física podría tender a pasar por alto o incluso a omitir deliberadamente. Tienen la virtud de perturbar. Pueden constituir la pulsión incoativa que conduzca a un descubrimiento sin precedentes o bien el reencantamiento de lo que ya sabíamos sin habernos percatado plenamente de su (des)proporción. En todos los casos, los lineamientos de lo decible se ven así redibujados.

Un mundo, muchos mundos

Naturalmente, la idea misma de universos múltiples puede sonar, y con razón, a *contradictio in terminis*. ¡Un imposible, un oxímoron! Si el universo es el todo, es por definición único y total. En latín, *universum* procede de la composición de *uni* y *versum,* y se refiere por tanto a lo que está vuelto hacia lo uno, a lo que está vuelto en la misma dirección, a lo que es fundamentalmente unitario hasta el fundamento mismo de su designio.

En su deliciosa polisemia constitutiva, el griego abre con *cosmos* otros sentidos más difusos. Naturalmente, lo que se designa aquí es también la totalidad, pero es asimismo la idea consustancial de un orden, de una conveniencia razonable, de una armonía en ciernes. Es, en fin, la imagen de una belleza en un sentido ligero y casi fútil. Pero la unidad sigue siendo también aquí esencial.

El marco científico invita a revisar y moderar esta acepción de lo que es el universo. No da una definición única y no ambigua, pero impone en cierta medida restringir el alcance del concepto.

En cosmología física es habitual llamar «universo» a la zona espacial que está causalmente conectada con nosotros. Es decir, todo aquello que podría haber tenido una interacción con nosotros (aunque, de hecho, quizás no la haya tenido). Esto es esencialmente lo mismo que definir el universo como aquello que se encuentra dentro de una esfera cuyo radio corresponde a la distancia más grande a la que sería posible ver utilizando un telescopio infinitamente potente capaz de detectar todos los tipos de entidades existentes. Como la velocidad de propagación de la luz es finita, esa distancia no es infinitamente grande. Todo lo que está más allá de ese límite es *stricto sensu* invisible, sea cual sea el ingenio tecnológico desplegado. Más allá es una «otra parte» radical: ninguna de nuestras causas puede tocarlo, nada de lo que ocurra allí puede tener consecuencias aquí. Hay desconexión. ¿Qué sentido científico tendría entonces incluir esa «otra parte» en nuestro universo? Más coherente y más prudente es limitar este último al conjunto de lo que es conocible, si no de hecho, al menos en principio.

Esta definición, por aproximativa que resulte ser a estas alturas, refleja un cambio fundamental respecto a la visión inicial: ya no es cuestión del universo, sino de *nuestro* universo. Los observadores de un hipotético lejano planeta habitado llamarían «universo» a otra esfera centrada en ese planeta. La visión ya no es absoluta: pasa a ser relativa, en función de quien la enuncia y de su posición en el espacio. Y eso es en efecto lo que tiene sentido desde el punto de vista científico: el universo es aquello sobre lo cual es posible llevar a cabo una investigación directa, clara y reproducible. De ello deben extraerse dos consecuencias inmediatas. En primer lugar, que, en este sentido, se puede efectivamente pensar en la posibilidad de otros universos. El término ya no designa la totalidad física y metafísica de lo existente sin límite alguno. Y en segundo lugar, que es evidente que no existe la menor razón para que algo, sea lo que sea, cese en las fronteras de nuestro universo. Del mismo modo que es evidente que el mar sigue existiendo más allá del horizonte del vigía de un barco, es muy razonable considerar que el espacio no termina en la frontera —muy arbitraria y relativa— de nuestro universo.

Cabe imaginar también otras definiciones del concepto de universo. Por ejemplo, es posible considerar que debe incluirse no solo todo lo potencialmente visible hoy en día, incluso con una tecnología perfecta, sino también todo aquello que lo será en un futuro arbitrariamente lejano. Se puede asimismo ir aún más lejos y decidir que el universo está constituido por el conjunto de la «burbuja» de mundos en los que las leyes físicas son las mismas.

Tales burbujas podrían ser creadas por la inflación cosmológica, es decir, por la expansión acelerada de las distancias que tuvo lugar en un pasado muy lejano y que ha sido corroborada recientemente por las nuevas medidas del satélite Planck. Todas estas visiones son aceptables y se utilizan efectivamente en determinadas circunstancias. Dependiendo del contexto, tendremos que alternar entre unas y otras. Pero sea cual sea la elección, ya no se puede hablar del universo como de un «gran todo»: está indexado a la persona que lo piensa y ha perdido su carácter absoluto y hegemónico.

En este sentido, es muy probable que los universos sean múltiples. Tal vez sean incluso infinitamente numerosos y disímiles. Esta diversidad prolonga y probablemente completa el gesto de humildad iniciado con la deconstrucción del geocentrismo. El hombre comienza a tomar conciencia de la existencia de un estrato de pluralidad que supera radicalmente a todos los anteriores en alcance, en inmensidad y en densidad. Dicho estrato concierne evidentemente al campo científico, que lo dibuja y lo asienta, pero también a las esferas de la filosofía y la estética. Lo que está en juego aquí desborda la simple ambición descriptiva y normativa de la física: lo que se convoca (y ciertamente se modifica) es el conjunto de nuestro(s)-ser(es)-en-el(los)-mundo(s).

Las leyes

La física debe distinguir estrictamente entre leyes y fenómenos. Las leyes son necesarias e inmutables; los fenómenos, contingentes y variables. Esta dicotomía desempeña un papel crucial. El tiempo, por ejemplo, altera los objetos y los procesos, y más aún los seres vivos, pero nunca las propias leyes. Envejecemos, perecemos, nos pudrimos... Pero las leyes físicas que rigen nuestros cuerpos, esas no envejecen. Análogamente, cuando un fruto arrancado del árbol por una borrasca estival cae al suelo, su posición y su velocidad cambian con el tiempo, pero la ley de Newton que permite calcular su trayectoria, esa no cambia. Las leyes son las mismas siempre y en todas partes. Es incluso a partir de esta definición como se demuestran algunas propiedades físicas fundamentales, como la conservación de la energía o los fundamentos de la relatividad especial.

Y es precisamente esta acepción de las leyes la que se ha visto doblemente cuestionada por la ciencia contemporánea. En primer lugar, porque la física de partículas ha demostrado que las simetrías fundamentales se rompen a menudo de manera aleatoria. Consideremos el ejemplo de una canica: si la colocamos en la punta de una aguja dirigida hacia arriba, inicialmente se encuentra en un estado perfectamente simétrico por rotación alrededor del eje. Pero el equilibrio es inestable. Pronto cae y el estado final ya no es invariante: una dirección particular ha sido singularizada (como elegida) al azar. La canica no ha caído simultáneamente todo alrededor de la aguja. Este fenómeno recibe el nombre de «ruptura espontánea de simetría». Todo hace pensar que nuestras leyes resultan de una tal evolución y que por tanto podrían haber sido distintas. Pero si nuestras leyes tienen una historia, entonces se tornan sorprendentemente parecidas a los fenómenos... «Repitiendo» la historia del universo es probable que no llegáramos a las mismas leyes: estas reaparecen por tanto como meros parámetros ambientales. Y en segundo lugar, porque algunas teorías actuales tienden a generar no una ley sino un conjunto muy amplio de leyes posibles. Las leyes podrían entonces variar de un lugar a otro. El resultado sería una diversidad inimaginable. Despojar a las leyes de su invariabilidad espacial y temporal no es un gesto anodino.

Figura 1.1. Un multiverso.

Si las propias leyes están sujetas a variaciones, posiblemente considerables, si universos diferentes están estructurados por leyes diferentes, entonces todo o casi todo se torna posible. Mundos sin materia, mundos sin luz, mundos quizás sin tiempo... Mundos de siete dimensiones, mundos con galaxias más grandes que nuestro propio universo, mundos áridos y mundos gélidos... Por supuesto, esta extraordinaria diversidad no debe nacer de un simple deseo de extrañeza o de una postura *ad hoc*. Para constituir un marco científico significativo, esta estructura de «multiverso» debe resultar de modelos bien definidos, basados en cálculos controlados y en confirmaciones experimentales. A veces es así. Pero en otras circunstancias no está ni mucho menos tan claro. Algo importante se halla en juego aquí, en la confluencia de numerosos conocimientos y de agudas inquietudes. Algo grave y al mismo tiempo, o en el mismo gesto, ligero y estimulante. Algo raro y precioso, conmovedor y angustioso.

La pérdida del universo es quizás hermosa a pesar de ser dolorosa.

La ciencia, sea cual sea el sentido que demos a este concepto, sea cual sea la definición que cada cual decida adoptar, debe ser a la vez prudente y aventurera, humilde y arrogante, modesta y ambiciosa. El multiverso obliga a pensar la paradoja y tener en cuenta ese doble mandato.

2. ¿Y si el espacio fuese infinito?

> Aquella noche, la tormenta despeinó mis sueños y los trenzó en pesadillas. En las sierras de las pinturas del Bosco me enredé, mi sexo estrangulado por las zarzas, mi pecho dislocado por mandíbulas con seis filas de dientes.
>
> Véronique Bergen, *Requiem pour le roi*

El tamaño del universo

Basta con levantar la mirada hacia el firmamento en una noche fría de invierno no malograda aún por la contaminación urbana para darse cuenta de que la distancia a las estrellas es extremadamente difícil de evaluar. Los luceros podrían confundirse con pequeñas luciérnagas situadas a unas decenas de metros o con objetos muy brillantes a distancias considerables. No es posible llegar allí con una cadena de agrimensor y medir la distancia a la que están de nosotros. Y, sin embargo, la cuestión es esencial, porque condiciona de manera crucial nuestra representación del cosmos en su conjunto. Incluso abre la puerta a esa pregunta esencial: el espacio ¿es infinito?

Para estimar la distancia de las estrellas existe un método muy sencillo: el del paralaje. Para ver correctamente un objeto situado cerca de los ojos tenemos que bizquear. Cuanto más lejos está el objeto, más paralelos estarán los dos ojos. Esa es exactamente la idea de este método: podemos estimar la distancia que nos separa de un astro basándonos en la «convergencia» de dos telescopios enfocados hacia él. Si apuntan fuertemente el uno hacia el otro, el objeto celeste está cerca; si están casi paralelos, el objeto está muy lejos. Naturalmente, cuanto más alejados estén los dos telescopios uno de otro, más precisa será la medida. Incluso se puede utilizar un solo telescopio y esperar seis meses: debido al movimiento de la Tierra alrededor del Sol, al cabo de ese tiempo habrá recorrido una distancia de unos trescientos millones de kilómetros. La técnica es sencilla y fiable. Con ella se han medido distancias de hasta cien años luz, es decir, aproximadamente mil billones de kilómetros. Si no se puede utilizar para distancias mayores, no es porque el universo se acabe, sino porque el método ya no funciona: los ángulos de convergencia son demasiado pequeños para poder medirlos. Esta técnica demuestra ya que el universo es muy grande... mucho más grande que nuestro planeta, que nuestra estrella e incluso que nuestro sistema solar. Y demuestra también que el universo está vacío: si las estrellas fueran briznas de hierba, ¡la distancia entre ellas sería de más de 100 kilómetros!

Para medir distancias mayores, los astrónomos utilizan una idea aún más elemental: la disminución del brillo aparente con la distancia. La llama de una vela situada a cien metros apenas es perceptible. Pero colocada cerca de los ojos resulta cegadora. Por tanto, la distancia puede estimarse a partir de la cantidad de luz recibida. La única diferencia es que en el caso de una vela se conoce el brillo total —o intrínseco— de la llama, mientras que no ocurre lo mismo con las estrellas: ¿cómo distinguir una estrella muy brillante y lejana de otra más débil y próxima? *A priori* es imposible. Precisamente por eso se utilizan estrellas muy específicas: las cefeidas. Estas estrellas tienen un brillo que varía regularmente con el tiempo, y el periodo de esta pulsación informa sobre la luminosidad total de la estrella. Ese es precisamente el ingrediente que faltaba. Conociendo la luminosidad absoluta de la estrella (su brillo propio) y comparándola con su luminosidad aparente (medida por el detector del telescopio), es posible determinar su distancia. Este método permite identificar estrellas hasta un millón de años luz aproximadamente, es decir, diez trillones de kilómetros. Más allá de eso, las estrellas ya no son lo suficientemente brillantes para ser resueltas. Está claro que el universo es inmenso... En ningún caso anda escaso de espacio.

Pero es posible ir aún más lejos. En un medio en expansión, la velocidad a la que se separan dos puntos es proporcional a su distancia. Esto es fácil de visualizar con una goma elástica estirada por los dos extremos: estos se alejan más deprisa uno de otro que dos puntos que estén muy juntos. Por tanto, basta medir la velocidad a la que se aleja de nosotros una galaxia lejana para deducir su distancia. Y esa velocidad se puede medir utilizando el efecto Doppler: la frecuencia de la luz se desplaza en función de la velocidad. Midiendo ese desplazamiento podemos estimar la velocidad y por tanto la distancia. Esta vez no son ya estrellas aisladas lo que se observa, sino galaxias enteras: es por tanto posible ver mucho más lejos. De hecho se han podido observar así objetos situados a una distancia de hasta unos diez mil millones de años luz, es decir, cien cuatrillones de kilómetros. El universo es extraordinariamente grande. Absolutamente gigantesco.

Más allá de esta distancia (aproximadamente) ya no es posible observar nada. Pero el límite aquí es físico, no técnico. No se debe a una deficiencia instrumental, sino al horizonte cosmológico. Como la velocidad de la luz y la edad del universo son finitas, no es posible ver arbitrariamente lejos. Este horizonte es similar al que limita la distancia a la que podemos ver desde lo alto de una torre o de una montaña, debido a la redondez de la Tierra. Pero evidentemente eso no significa que la Tierra termine en ese punto más allá del cual ningún telescopio puede ver. De hecho, la cuestión del más allá es precisamente la que no podemos eludir. La que no puede por menos de estimular nuestro deseo de descubrir y nuestras esperanzas de comprender.

Supongamos que quisiésemos saber si la Tierra tiene una superficie finita o infinita. Si efectivamente fuera infinita, no sería posible saberlo con seguridad. Solo podríamos suponerlo a partir de lo que es visible más acá del horizonte. Es imposible tocar o ver el infinito. En cambio, si la superficie es finita, es posible que la porción visible tenga una curvatura suficiente para que podamos deducir la forma esférica del globo a partir de lo que se observa. Así pues, es posible inferir el tamaño global de la Tierra sin verla en su totalidad. Es en estos términos como se plantea la cuestión en cosmología: se trata de determinar el «tamaño» del universo a partir de lo que es visible más acá de nuestro horizonte, lo cual plantea algún problema, porque podría ser que eso no fuese más que una ínfima parte. El hecho es que actualmente no es visible ninguna curvatura.

Así pues, el universo es probablemente mucho, mucho más grande de lo que es observable. Pero ¿quiere eso decir que es infinito? No está dicho...

La relatividad general

Afortunadamente, nuestras observaciones del cosmos van acompañadas de una base teórica a la vez sólida y elegante, clara y coherente, subversiva y refinada: la relatividad general.

La gran teoría de Einstein establece algo asombroso. Demuestra, de forma perfectamente convincente, que el espacio —en el sentido de la geometría— no es fijo e inmutable, sino capaz de deformarse y distenderse. El espacio reacciona a la presencia de materia; ya no es un invariante, un puro dato, sino que se convierte en un material maleable. Ambos, espacio y materia, están íntima e indefectiblemente unidos. Si se lanza un objeto pequeño, describirá una trayectoria parabólica. No, como habría dicho Newton, porque la fuerza gravitatoria de la Tierra lo desvía hacia el suelo, sino, como propone Einstein, porque se mueve en línea recta, o lo más recta posible, en el espacio curvado por la presencia de la Tierra.

Pero inmediatamente surge una pregunta: si el propio espacio es curvo, ¿por qué una bola de golf golpeada violentamente llega a un punto situado unos cuantos metros más lejos siguiendo una trayectoria casi rectilínea, mientras que una pelota de gomaespuma lanzada desde el mismo punto lo hace siguiendo una curva en forma de campana? ¿No hay aquí una contradicción, ya que el mismo espacio parece presentar una curvatura diferente según el cuerpo que lo recorre? La paradoja desaparece en cuanto nos damos cuenta de que, estrictamente hablando, no es el espacio el que se curva, sino el espacio-tiempo. La bola de golf solo tarda unas centésimas de segundo en recorrer el corto trayecto, mientras que la pelota de gomaespuma tardará normalmente uno o dos segundos: la trayectoria de esta última está por tanto considerablemente «estirada» a lo largo del eje temporal, lo que no ocurre con la bola de golf. Si se calculan correctamente las curvaturas espacio-temporales (y no solo las espaciales) asociadas a estas dos trayectorias se ve que, en efecto, son idénticas y constituyen así efectivamente una característica propia del espacio-tiempo.

La relatividad general va aún más lejos. No solo muestra que el espacio (o, más exactamente, el espacio-tiempo) puede deformarse, sino también que es una entidad dinámica. Al igual que las partículas o la radiación, el espacio se rige por ecuaciones de evolución. Lo cual es todo menos un detalle técnico.

Que el espacio «evoluciona» constituye a la vez una inmensa revolución y una notable unificación: el espacio ya no es fundamentalmente —ontológicamente— diferente de los demás objetos o fenómenos. La expansión del universo —la clave del modelo del Big Bang— no es un movimiento de las galaxias como si estas tuvieran sus propias velocidades relativas al espacio: es una dilatación del propio espacio. Los cuerpos celestes se alejan porque el «material espacio» en el que se encuentran está hinchándose o inflándose. No se trata solo de una observación, es también una predicción de la teoría de Einstein.

El modelo es extraordinariamente coherente. El satélite Planck ha permitido medir la edad del universo con una precisión sin igual: 13 790 millones de años.

Casi toda esta historia, salvo la primera milmillonésima de milmillonésima de milmillonésima de segundo, está extremadamente bien descrita por la relatividad general. Planck es el resultado de la colaboración de unos setenta laboratorios durante más de veinte años de duro trabajo. Al cartografiar la radiación fósil, la primera luz del universo, con una precisión inaudita, el experimento ha hecho que la cosmología entre en una era de alta precisión. En muchos aspectos sabemos hoy día más sobre los comienzos de nuestro universo que sobre los de la Tierra o del Sol. El reto tecnológico de hacer funcionar un detector muy complejo a una temperatura de solo 0,1 grados por encima del cero absoluto, a más de un millón de kilómetros de la Tierra, ha dado sus frutos. Las medidas resultantes proporcionan una imagen precisa del universo primordial que puede utilizarse para responder a muchas preguntas de la física contemporánea, pero son también una contribución al patrimonio científico de la humanidad. Algunos mapas correspondientes a las fluctuaciones de temperatura, obtenidos con una precisión última y definitiva (porque está limitada por la física y no por el instrumento), no volverán sin duda a confeccionarse jamás: no hay ya margen de mejora, toda la información disponible está ahí. Esos mapas estarán para siempre ahí, disponibles para futuros análisis.

La relatividad general tiene una consecuencia interesante en relación con la posibilidad de universos múltiples, lo cual es tanto más significativo cuanto que esta teoría es todo menos especulativa. No solo es una de las mejor comprendidas, sino también una de las mejor contrastadas. Innumerables pruebas en sistemas astrofísicos diversos y variados han demostrado la extraordinaria concordancia entre las predicciones de la relatividad general y las observaciones.

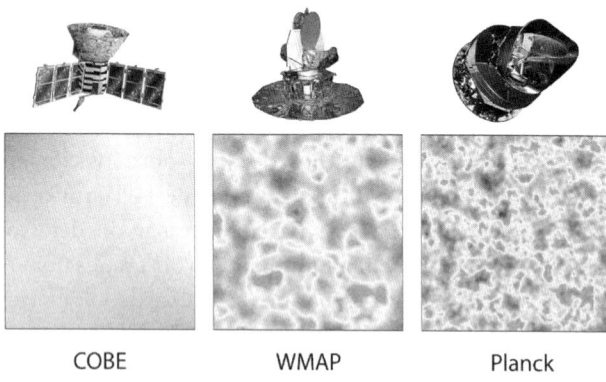

COBE   WMAP   Planck

Figura 2.1. Mejora de la resolución con la que el fondo cósmico de microondas ha sido observado por las tres generaciones sucesivas de experimentos espaciales que lo han medido.

Crédito: ESA - colaboración Planck y NASA - colaboraciones WMAP y COBE.

Los sistemas binarios de púlsares son en ese sentido objetos sorprendentes. Como los púlsares rotan rápida y regularmente sobre sí mismos, vienen a ser como relojes de una tremenda precisión. Pero cuando además observamos el movimiento de un púlsar alrededor de un astro compacto o de otro púlsar, lo que tenemos es un escenario ideal: ¡un reloj moviéndose en un campo gravitatorio intenso!

No se podría soñar con nada más adecuado para contrastar la relatividad. Y el hecho es que todos los datos confirman su validez. Las teorías que intentan ampliarla o modificarla tienen grandes dificultades para superar esta prueba draconiana. Sabemos que la relatividad es una teoría fiable.

Por tanto, tiene sentido aplicarla a un sistema muy simple: el universo. Y decimos simple no porque lo que hay en él lo sea; todo lo contrario: cada objeto, cada idea, cada sensación, cada ser vivo, cada partícula de realidad es un océano de complejidad. Pero el universo, tal como la física intenta estudiarlo, solo tiene que ver con escalas espaciales muy grandes.

Por ejemplo, la forma y la materia de este pequeño libro no forman parte de lo que la ciencia del universo debe poder describir. Esta ciencia solo se interesa por los efectos medios que se dan en las mayores escalas de distancia. Y a esas escalas, el universo parece muy simétrico: idéntico en todas partes (homogéneo) y en todas las direcciones (isótropo). Son precisamente estas invariancias las que hacen que sea fácil describirlo teóricamente. Incluso es uno de los raros objetos para los que se conocen las soluciones exactas de las ecuaciones de Einstein que describen la dinámica del espacio.

Estas soluciones tienen una característica interesante: solo hay tres geometrías posibles para el universo, la esférica, la euclidiana y la hiperbólica. No sabemos cuál de estos tres casos ha elegido la naturaleza, ya que los datos del satélite Planck, aunque excepcionalmente precisos, son compatibles con las tres posibilidades. Pero en los dos últimos casos ocurre algo notable: el espacio es infinito. Lo que, de nuevo, es coherente con la ausencia de curvatura medida.

Si nos encontramos en esta circunstancia, sugerida por la teoría y aceptada por la experiencia, eso significa inevitablemente que hay una infinidad de universos. Por supuesto, aquí debemos entender «universos» en el sentido usual de la cosmología física, tal y como lo definíamos, es decir, como el conjunto de lo que es observable (independientemente de los límites técnicos).

La región accesible a estas observaciones se la denomina «volumen de Hubble», que representa todo cuanto puede estar relacionado con nosotros de un modo u otro. Dicho de manera ligeramente más precisa, podemos considerar que el volumen de Hubble contiene todo lo que se aleja de nosotros a una velocidad inferior a la de la luz. Es, sencillamente, nuestro universo. Pero es evidente que el volumen de Hubble no es infinito. Si el espacio es infinito, entonces debe existir en su seno un número infinito de volúmenes de Hubble y, por tanto, un número infinito de universos... He aquí el primer multiverso.

¿Cambia esto algo a fin de cuentas? La existencia de este multiverso ¿es una cuestión importante?

Sin ninguna duda, al menos en dos niveles. En primer lugar, evidentemente, en el nivel casi mitológico de la cosmología: no se trata aquí de aplicaciones tecnológicas destinadas a mejorar —¡o a veces a empobrecer!— la vida diaria, sino más bien de pensar el mundo en su globalidad, mucho más allá de nuestra capacidad de estudiarlo o explotarlo.

Se trata del Gran Relato de nuestra historia común.

Se trata del pensamiento por sí mismo, de la «ciencia en tanto que arte», como lo proponía el filósofo Paul Feyerabend.

Aunque nos resulte imposible acceder a él, la posibilidad de ese multiverso tiene sentido en el nivel más fundamentalmente definitorio de la realidad: si nuestras teorías lo predicen, interviene necesariamente, de un modo u otro, en cualquier tentativa de circunscribir el ser profundo de la naturaleza.

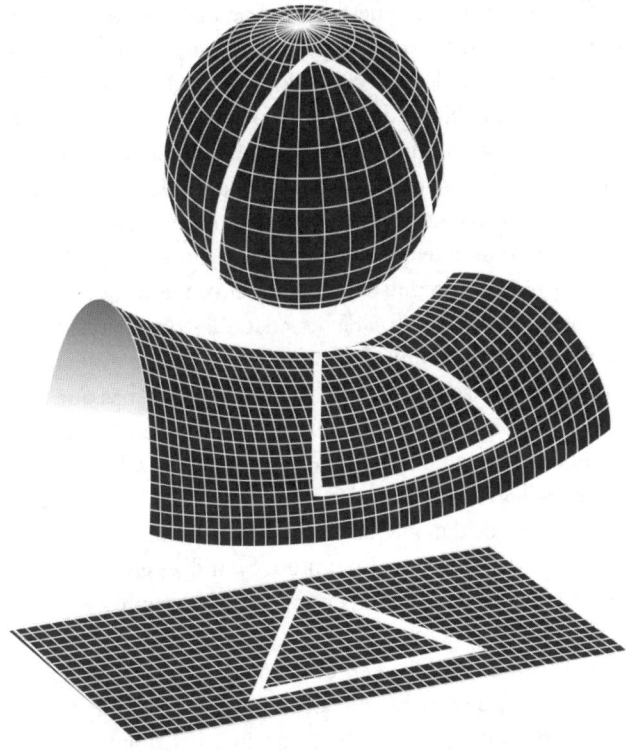

Figura 2.2. De arriba abajo: espacios esférico (finito), hiperbólico (infinito) y euclidiano (infinito).

En segundo lugar, es también importante e incluso esencial en un nivel más directamente científico. Supongamos, por analogía, que tenemos buenas razones para creer que en una bolsa enorme hay mil millones de bolas blancas y una sola bola negra. Con los ojos cerrados, extraemos ahora una bola al azar.

Si la bola es negra, nuestra creencia inicial se verá fuertemente debilitada. No es imposible que hayamos tenido la increíble suerte de haber sacado la única bola «especial». Pero la probabilidad de que esto ocurra es evidentemente muy pequeña. Supongamos ahora que extraemos una infinidad de bolas (o en este caso mil millones de bolas, ya que la bolsa solo contiene un número finito de ellas): ahora ya no es sorprendente que la bola negra aparezca entre las extraídas. A medida que se aumenta el número de intentos —o de universos—, el carácter «natural» de un resultado cambia drásticamente. Toda nuestra forma de evaluar las proposiciones se transforma. El multiverso es más que una propuesta, es también un marco de pensamiento que puede llevar a conclusiones opuestas a aquellas a las que habríamos llegado en un único universo.

¿Qué es exactamente la «naturalidad» de un modelo? Es un concepto vago y mal definido. Se utiliza en física para describir la facilidad con la que una teoría explica una observación. Si para los parámetros hay que elegir valores extremos o improbables con el fin de adecuarse a las medidas, la teoría se considera «poco natural».

Supongamos, por ejemplo, que una distribución esencialmente uniforme de las galaxias es muy rara pero muy favorable a la existencia de la vida. En un universo singular, la situación sería muy sorprendente. Sería una coincidencia increíble. Pero en una estructura de universos múltiples, infinitos en número, en la cual deben darse incluso las circunstancias más improbables, resulta «natural» que ese sea a veces el caso. Nuestra interpretación de los hechos depende de la existencia del multiverso.

No es solo una manera de nombrar lo invisible e inaccesible. Es también un *modus operandi* que altera nuestra forma de evaluar las proposiciones científicas. Una doble revolución.

Todo ocurre

Si el espacio es infinitamente grande, como predice la relatividad general en dos de las tres soluciones posibles en cosmología (los casos euclidiano e hiperbólico), esto significa que todo lo que tiene una probabilidad distinta de cero de ocurrir —todo lo que es posible— no solo debe ocurrir, sino que además debe reproducirse un número infinito de veces. Aunque aquí no se recurre a ninguna teoría exótica ni hipótesis escabrosa, la manera de pensar el mundo se ve ya modificada por ello. Casi se ve reinventada.

Nuestra propia existencia, por ejemplo, es posible, porque evidentemente estamos aquí. Está asociada a una probabilidad no nula. Por tanto debe reproducirse en algún lugar del espacio potencialmente infinito de este multiverso. Incluso es posible calcular explícitamente la distancia media a la que esto ocurre. Es inmensa pero finita. Nuestros alter ego son indistinguibles de nosotros mismos. Incluso deben existir «volúmenes de Hubble», es decir, universos, totalmente idénticos al nuestro. Hasta en el más mínimo detalle. Se produce además en este estadio un fenómeno muy interesante: una especie de pérdida de determinismo, a un nivel puramente clásico (mientras que la aparición del azar se produce generalmente como resultado de mecanismos cuánticos). En efecto, estos universos idénticos tendrían el mismo pasado, pero no necesariamente los mismos futuros. Si estos volúmenes de Hubble crecen, penetrarán potencialmente en ellos nuevos «objetos», generalmente diferentes de una región a otra, y generarán evoluciones diferentes. Las copias pueden divergir.

En este estrato de multiverso, el de la relatividad general, las leyes son las mismas en todas partes. Pero los fenómenos pueden diferir mucho de un universo a otro. Es muy posible que nuestro universo no sea representativo de todo el multiverso, del mismo modo que nuestro planeta, la Tierra, no es evidentemente representativo del conjunto de nuestro universo. La necesidad de un distanciamiento antropocéntrico se perfila aquí con insistencia. Incluso se impone a nuestra representación global. Se hace necesario pensar más allá de lo visible.

Integrando —es decir sumando— sobre el volumen infinito de este multiverso, es legítimo esperar universos extremadamente desiguales. En efecto, la minúscula parcela que representa nuestro propio universo estaría lejos de agotar todas las posibilidades del multiverso, por la misma razón que el sistema solar está lejos de incluir ejemplos de todos los astros y fenómenos que existen en nuestro universo. Así pues, algunos universos podrían ser muy densos en diversas formas de materia; otros podrían estar casi vacíos o incluso totalmente vacíos; otros, compuestos solo de luz o solo de gas. Algunos serían pobres y sombríos, otros rebosarían de drapeados tornasolados. Conociendo las leyes de la física, es incluso posible en principio calcular las probabilidades asociadas a cada una de estas circunstancias y la abundancia relativa de los universos donde se dan. La distancia media a la que se encuentra el primer universo desprovisto de estrellas, o poblado únicamente por agujeros negros, es teóricamente calculable.

En un universo esta discusión te convence. En otro, tu alter ego, un calco tuyo hasta ese momento, no consigue decidirse y se aparta del tema.

Naturalmente, si el espacio no es infinito —por ejemplo, si la geometría es esférica o si existe una topología compleja—, los volúmenes de Hubble ya no son infinitos en número, pero siguen siendo, con toda probabilidad, muy numerosos. Subsiste, pues, una cierta forma de multiverso. De un modo u otro, tiene sentido, incluso es necesario, pensar la diversidad más allá del horizonte. Aquello que no puede observarse puede sin embargo concebirse. Hay tantas formas de abrir los ojos...

Si bien la posible existencia de abundantes universos en un espacio eventualmente infinito y descrito por la relatividad general es en términos científicos un descubrimiento —o al menos una hipótesis— reciente, es claro que no se puede decir lo mismo del conocimiento de la finitud de la Tierra. E, incontestablemente, el conocimiento no engendra la acción. El campo epistémico, podríamos decir, no es performativo: la comprensión no induce mecánicamente la acción.

Un crecimiento exponencial del uso de los recursos en un mundo finito no puede durar indefinidamente. Se trata de un hecho científico que ni siquiera un economista neoliberal puede —o debe— ignorar. Hoy día es innegable que las actividades humanas están causando una catástrofe ecológica de proporciones impensables. En solo cuarenta años ha desaparecido el 60% de los animales salvajes. Esto ya no es un temor, es un balance. Además, los efectos climáticos de nuestras emisiones de gases de efecto invernadero nos colocan en una situación de «amenaza existencial directa», en palabras de la ONU. Actualmente se está produciendo un drama sin precedentes. Una crisis total a escala planetaria. Un colapso irreparable. Lo sabemos y ya nadie puede dudarlo seriamente, pero lo ignoramos. Esta llamativa indiferencia hacia nuestra descendencia —e incluso hacia todos los seres vivos— plantea inmensos interrogantes sobre nuestra capacidad para prever la posibilidad misma de un futuro. Una cosa es cierta: aunque la idea del multiverso puede ser embriagadora, no debería aminorar en modo alguno nuestro sentimiento de preciosidad hacia lo que existe aquí y ahora.

3. Mundos en los agujeros negros

> Ya de todos [los diablos] el nombre conocía,
> los anoté cuando fueron elegidos, y los
> escuché cuando hablaban entre ellos. «¡Oh
> Rubicante! Húndele las garras en la espalda
> y desuéllalo!», gritaban todos a coro esos
> malditos.
>
> DANTE, *Divina comedia*,
> «Infierno», Octavo círculo

En sentido único

Las ecuaciones de Einstein son una máquina formidable que permite determinar la forma del espacio-tiempo, lo que en física se denomina «la métrica».

La métrica se calcula a partir de la distribución de las masas y permite caracterizar la geometría del mundo circundante. Dicho de otro modo, si se conocen la distribución y las características de los objetos presentes, estas ecuaciones permiten en principio determinar la manera en que se deforma el espacio como consecuencia de su presencia. Esta deformación permite entonces predecir cuáles serán las trayectorias. La masa deforma el espacio, que a su vez dicta el movimiento de los cuerpos. La relatividad relaciona contenido y continente. Hasta el punto de colapsar a veces el sentido mismo de esta disyunción. Hasta el punto de imponer una ontología (es decir, un pensamiento de las propiedades generales del ser) estrictamente relacional, desprovista de estructura fija y absoluta.

Pero estas ecuaciones son extremadamente difíciles de resolver. Son matemáticamente tan complejas que al principio se temió no poder encontrar soluciones exactas.

Hoy en día, gracias a los ordenadores, podemos calcular muchas soluciones numéricas, pero las fórmulas analíticas que las satisfacen (es decir, las fórmulas que pueden escribirse explícitamente) son todavía raras. El astrofísico alemán Karl Schwarzschild disipó rápidamente la preocupación inicial al encontrar en 1915 la primera solución a las ecuaciones de Einstein. Dicha solución describe la estructura del espacio-tiempo alrededor de estrellas y planetas, pero también alrededor de astros más complejos como... los agujeros negros.

Los agujeros negros son zonas de alguna manera «separadas» del resto del universo. Parangones del espacio-tiempo. En el frontispicio de estos curiosos edificios no hay ninguna inscripción. Es posible entrar en ellos, pero nunca salir. Solo permiten viajes de ida, en sentido único. Una vez franqueado el horizonte del agujero negro (es decir, su superficie), no es posible regresar al universo de partida.

Sus propiedades son tan extrañas que durante mucho tiempo fueron consideradas, en primer lugar por Einstein, como simples soluciones matemáticas sin existencia física. Por ejemplo, habría que concentrar toda la masa de la Tierra en un radio de pocos milímetros para que se convirtiera en un agujero negro. Tales densidades parecen inconcebibles. Diríase que objetos de este tipo no podrían poblar nuestro mundo. Sin embargo, los agujeros negros se cuentan hoy entre los astros casi banales: existen en abundancia, incluso dentro de nuestra galaxia, y se observan y se comprenden. Y para los más masivos de ellos, la densidad tampoco tiene que ser necesariamente grande: en algunos casos, puede no ser superior a la del aire.

Los agujeros negros son muy difíciles de «ver» directamente, por la sencilla razón de que son muy pequeños. Sería más fácil ver un piano de cola en la Luna y admirar el magnífico trabajo de curvado de su tabla armónica que fotografiar el agujero negro más cercano a la Tierra. Sin embargo, llevamos mucho tiempo observando muy bien los efectos llamados «indirectos» de los agujeros negros sobre el espacio-tiempo, y ya no hay motivos para dudar de su existencia. Además, no es del todo correcto considerar que se trata de indicios indirectos, por oposición a las observaciones directas, que se suponen más fiables o más objetivas. Nunca nada es directo. Cuando observo el libro de poemas que tengo sobre la mesa en este mismo instante, en realidad es el resultado de una compleja interacción entre la luz emitida por el filamento de una bombilla y este precioso objeto, en sí mismo compuesto, que detectan mis ojos. No hay acceso inmediato a la realidad «en tanto que tal». Todo es mediado y mediato. Incluso es probable que lo real en sí no tenga ningún sentido ni ninguna existencia. ¿Quién conoce la esencia de las cosas y de los seres? ¿Quién podría siquiera definirla o sentirla?

Además, dos enfoques diferentes han confirmado recientemente, y de manera brillante, la presencia de agujeros negros.

En primer lugar, se han detectado y medido ondas gravitatorias —auténticas vibraciones del espacio— procedentes de la fusión de dos agujeros negros estelares. Lo que aquí se puso de manifiesto es literalmente la existencia de un horizonte inmaterial. En segundo lugar, se ha creado una red de radiotelescopios conectados entre sí que «simulan» un telescopio gigante casi tan grande como la Tierra, utilizando la técnica interferométrica para combinar sus señales. Fue así como se obtuvo y difundió una imagen extraordinaria del enorme agujero negro, seis mil millones de veces la masa del Sol, situado en el centro de la galaxia M87. En la imagen se observan perfectamente los efectos de sombra sobre el disco de acreción que rodea al agujero negro.

Los astros oclusos quedan así al descubierto. Exhiben sus delicadas y sin embargo inquietantes extrañezas. Pero el horizonte sigue ocultando púdicamente sus íntimos y últimos secretos.

Aunque la existencia de los agujeros negros ya no se pone realmente en duda, su origen físico, es decir, el mecanismo que los crea, no es bien conocido. Las estrellas más masivas forman indefectiblemente agujeros negros cuando llegan al final de su vida. Habiendo agotado el combustible, estas estrellas colapsan y crean agujeros negros llamados «estelares». Pero también existen agujeros negros supermasivos de millones o incluso miles de millones de masas solares, como el observado recientemente por la colaboración EHT (Event Horizon Telescope). Se encuentran en el centro de las galaxias y a veces son el origen de inmensos chorros que se dispersan por el medio intergaláctico. Son los cuásares, verdaderos faros del universo lejano, balizas de los meandros del cosmos. Las razones de su nacimiento siguen siendo en parte enigmáticas y controvertidas. Es posible que existan también agujeros negros muy pequeños —llamados «primordiales»— formados en los primeros instantes del universo cuando la densidad era inmensa, con masas posiblemente tan pequeñas como la de una mota de polvo. Se han llevado a cabo numerosos estudios para detectarlos, pero sin éxito hasta la fecha. El bestiario de los agujeros negros es rico en especímenes y no cesa de diversificarse.

Extrañezas matemáticas

Un importante teorema de la relatividad general demuestra que los agujeros negros no tienen pelo (¡lo que demuestra que yo no soy un agujero negro!).

Aunque esa es la expresión consagrada por la tradición, en términos más científicos significa que su superficie es perfectamente lisa y desprovista de asperezas. De manera ligeramente más técnica aún, significa que los agujeros negros astrofísicos, carentes de carga eléctrica, quedan enteramente descritos por dos únicos parámetros: su masa y su velocidad de rotación. Lo cual es asombroso: los agujeros negros son menos complejos que una vulgar partícula, inmensamente más simples que un grano de arena o incluso que un átomo de hidrógeno. Karl Schwarzschild describió los agujeros negros más elementales: aquellos cuya velocidad de rotación es nula. En ese caso quedan caracterizados completamente por su masa y son el ejemplo paradigmático de agujeros negros fácilmente comprensibles por el formalismo de la relatividad: su sencillez permite realizar muchos cálculos (lo que no es fácil en el caso general) y determinar las propiedades más importantes.

Pero la métrica (es decir la geometría) que los describe no está libre de sorpresas. En particular, no está exenta de rarezas ni de dificultades... Por ejemplo, tiene una singularidad, es decir, una divergencia, o digamos que una patología, en el horizonte. Precisamente por esta razón casi ningún físico (con la notable excepción del brillante sacerdote y matemático Georges Lemaître, que fue también uno de los arquitectos clave del modelo del Big Bang) creyó en la existencia real y física de los agujeros negros. Los agujeros negros adolecían claramente de demasiadas incoherencias. Más que atraer, asustaban.

Sin embargo, escrita en otro sistema de coordenadas, la geometría (la métrica) que describe el mismo espacio-tiempo, y por tanto los mismos hipotéticos agujeros negros de Schwarzschild, ¡ya no tiene esa singularidad en el horizonte! El problema no era en realidad más que un artefacto.

Análogamente, cuando utilizamos coordenadas de «latitud y longitud» para pavimentar la superficie de una esfera, los polos desempeñan un papel singular. Por ejemplo, es posible variar la longitud en 360 grados sin que el punto considerado se desplace sobre la esfera. Pero de hecho los polos no tienen ninguna especificidad real. Son puntos como los demás a los que asignamos un papel particular de forma totalmente convencional y artificial. Así, al utilizar unas coordenadas distintas y mejor adaptadas, el horizonte de los agujeros negros revela su verdadera naturaleza: en él no ocurre nada específico y la propia naturaleza se acomoda a los agujeros negros sin la menor incoherencia y sin que el viajero imprudente que intenta adentrarse en ellos sienta nada dramático al cruzar el horizonte. Lo único que pasa es que es imposible volver atrás una vez dentro del agujero negro. Naturalmente, hay grandes fuerzas de marea que tenderán a dislocarlo en su viaje hacia el centro, pero franquear la superficie no es un suceso específico.

Queda sin embargo una singularidad «esencial» en los agujeros negros. Una patología del espacio-tiempo que ninguna elección juiciosa puede curar: es la que se encuentra en el centro del astro. Aquí ocurre algo fundamental. Una especie de acabamiento. Para el astronauta temerario que decidiese explorar el espacio secreto y paroxístico del agujero negro, marca el punto final del viaje. Nadie escapa a la singularidad central y nadie sobrevive a ella. En cierta medida, es el tiempo el que acaba aquí.

Para representar la infinidad del espacio mediante un esquema de tamaño finito, los físicos han inventado una técnica específica denominada «diagrama de Penrose-Carter».

Se trata de una especie de mapa que permite visualizar al instante qué acontecimiento puede ser la causa de qué otro y cuáles son las zonas explorables a partir de un punto dado. En este tipo de representaciones, el tiempo discurre hacia arriba y el espacio se despliega horizontalmente. Los ejes se eligen de modo que la luz se desplace a lo largo de líneas rectas inclinadas 45 grados respecto a la vertical. Los objetos nunca deben superar un ángulo de ese valor, porque de otro modo viajarían más rápido que la luz, lo que contradiría uno de los enunciados más importantes de la relatividad especial. Relatividad especial que es sin duda la teoría más fiable —por ser la más sencilla y la más clara en sus hipótesis— de toda la física.

La relatividad especial

La relatividad especial es la primera teoría de la historia de la física que se basa en una simetría, en este caso la invariancia de las leyes en el tiempo y en el espacio. A partir de ella es posible llegar a tres conclusiones esenciales. En primer lugar, la existencia de una velocidad límite absoluta e insuperable, la velocidad de la luz. En segundo lugar, la aparición de un vínculo indefectible entre el tiempo y el espacio: estos no son más que dos aspectos de una misma realidad subyacente. El tiempo puede dilatarse y el espacio contraerse. Y por último, el descubrimiento de una relación esencial entre la masa y la energía ($E = mc^2$), que demuestra que es posible crear materia a partir del movimiento.

Al dibujar el diagrama de Penrose-Carter para un espacio que contiene un agujero negro de Schwarzschild, la singularidad central aparece como una línea horizontal con la que es imposible no chocar una vez dentro de aquel. Como era de esperar, cualquiera que penetre más allá del horizonte debe terminar su viaje en la singularidad. También está claro que es imposible salir del agujero negro, ya que cruzar el horizonte en sentido opuesto exigiría apartarse más de 45 grados de la vertical, lo cual está prohibido: la «cinta transportadora» del espacio se mueve tan rápido que ni siquiera la luz puede contrarrestarla.

Pero el diagrama de Penrose-Carter revela otra cosa bastante extraña que es fundamental para nuestros propósitos. La forma inicial de la geometría puede «extenderse analíticamente». Se trata de un juego matemático consistente en completar la estructura espacio-temporal estándar por razones esencialmente estéticas (lo que no es raro en física teórica). Esto le confiere una forma más genérica y, desde cierto punto de vista, más natural. Nada prueba que esta extensión sea estrictamente necesaria, pero es elegante y coherente. Simetriza el edificio y le confiere un claro atractivo lógico. Esta extensión tiene una consecuencia notable: ¡el agujero negro ya no está solo! ¡El propio universo ya no está tampoco solo! Allí aparecen además un agujero blanco y otro universo. Por definición de agujero blanco, las partículas pueden escapar pero nunca regresar: el agujero blanco es en cierto modo lo contrario del agujero negro. No se puede entrar en él, pero la materia y la luz sí pueden salir.

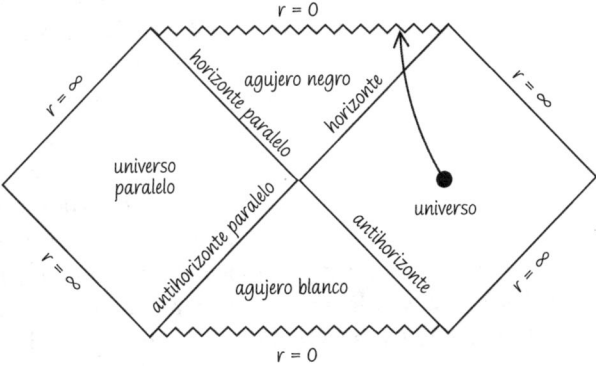

Figura 3.1. Geometría de Schwarzschild extendida que muestra un agujero negro, un agujero blanco, nuestro universo y un universo paralelo. La curva en forma de flecha representa la trayectoria de una partícula que entra en el agujero negro y termina en su singularidad central.

Sin embargo, el «agujero de gusano», el túnel que une el agujero negro con el blanco, no es transitable: no es posible, desde nuestro universo, franquear el horizonte del agujero negro y poder visitar el hipotético universo paralelo. Estos agujeros de gusano son estructuras topológicas inesperadas que permiten conexiones generalmente inimaginables. Conectan espacios que se suponían completamente desconectados.

La región de la parte inferior del diagrama es la inversa temporal de la situada en la parte superior, es decir, del agujero negro. La región de la izquierda corresponde a otro espacio cuya geometría se hace euclidiana en el infinito, lo que significa que se comporta de manera esencialmente familiar lejos del horizonte. Es una especie de imagen especular de nuestra región, situada a la derecha del diagrama de Penrose-Carter.

Aunque este «otro lugar», este universo situado a la izquierda, no es accesible, al menos se plantea claramente la cuestión de su existencia. ¿Es un rastro o un indicio de otro universo real? Hay que señalar además que nada prohíbe en principio que los dos universos sean simultáneamente observables desde el interior del agujero negro. Irónicamente, es cuando se hace imposible viajar a uno u otro de los dos universos cuando uno y otro se hacen visibles. ¿Tendríamos aquí un extraño caleidoscopio cósmico que revela un espacio paralelo? ¿Son estas las premisas de otro mundo o se trata simplemente de un espectro matemático? No es fácil saber cuándo los fantasmas de la física teórica existen de verdad. Nuestras ecuaciones son perseguidas por soluciones no instanciadas, por virtualidades no materializadas. Es claro que lo teóricamente posible no necesariamente existe.

Cuando los agujeros negros giran

¿Por qué la Tierra gira sobre sí misma? ¿Por qué el Sol rota sobre sí mismo? ¿Por qué nuestra galaxia, la Vía Láctea, gira sobre sí misma? En esencia es porque, de todas las posibles velocidades de rotación, el valor tan especial de «cero» no tiene prácticamente ninguna posibilidad de ocurrir. Así que rotar es el estado natural de los cuerpos. Y las leyes de conservación de la física implican que cuanto más se contraen los objetos astrofísicos, más rápido giran. Esta es la razón por la que los agujeros negros están genéricamente en rotación sobre sí mismos. La geometría (la métrica) que los describe ya no es la de Schwarzschild, sino la de Kerr (llamada así por uno de los físicos que contribuyeron a su descubrimiento). La primera es un caso muy especial de la segunda (de medida cero, diríamos en matemáticas).

¡Y esta geometría de Kerr es considerablemente más rica! El efecto peonza de la rotación del agujero negro, por pequeño que sea, va a provocar una modificación esencial y significativa del diagrama de Penrose-Carter. Ahora está formado por una *infinidad* de estructuras comparables a las que aparecen en el marco de los agujeros negros de Schwarzschild. Se trata, pues, nada menos que de una infinidad de universos —reales o simplemente posibles— lo que se perfila aquí...

La singularidad de un agujero negro de Kerr, de un agujero negro que gira sobre sí mismo, deja de ser un punto para convertirse en un anillo. En consecuencia, es posible en principio atravesarlo; no es imposible rozarlo sin sufrir ningún daño, lo cual abre perspectivas fabulosas. Desde el punto de vista del diagrama de Penrose-Carter, la singularidad

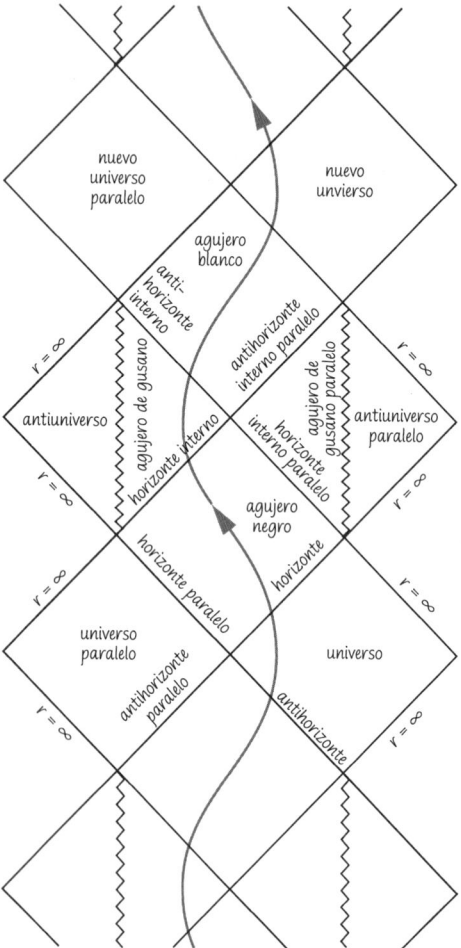

Figura 3.2. Geometría de Kerr generada por un agujero negro en rotación y que muestra otros universos posibles. La línea curva corresponde al movimiento de una partícula que visita otros universos sin verse nunca bloqueada por una singularidad.

se hace vertical, lo que llamamos una singularidad «de tipo temporal». No se trata de un detalle meramente formal, sino que modifica drásticamente el significado de la singularidad: ya no es un final inexorable. *A priori,* es posible moverse en el espacio y en el tiempo evitando la singularidad: esta sigue siendo un peligro, pero ya no es una fatalidad.

En este caso aparece por tanto una infinidad de otros universos cuyas características son similares a las del nuestro. Pero también aparece una infinidad de antiuniversos en los que la gravedad es repulsiva, una infinidad de horizontes, una infinidad de agujeros negros y una infinidad de agujeros blancos unidos por una infinidad de agujeros de gusano denominados «puentes de Einstein-Rosen». La inmensa diferencia respecto al caso anterior es que ahora esos otros universos son, de derecho, visitables y accesibles. El diagrama de Penrose-Carter autoriza en principio que la trayectoria de una partícula explore estos mundos de gravedad atractiva y de gravedad repulsiva sin tener que violar en ningún momento ninguna ley conocida ni moverse más rápido que la luz. Los agujeros de gusano del espacio-tiempo de Kerr son *a priori* atravesables. Podría tratarse de frágiles conexiones que conducen a otros mundos.

Estos universos múltiples son perfectamente compatibles con los mencionados anteriormente. Es posible imaginar un espacio infinito (o inmenso) que contenga una infinidad (o un número muy grande) de volúmenes de Hubble, de tal modo que cada uno de ellos contenga agujeros negros en rotación que inducen una nueva estructura de multiverso. Lejos de excluirse mutuamente, estos modelos se completan y a veces incluso se refuerzan.

Como es natural, esta descripción no deja de plantear muchos interrogantes y algunos problemas serios. En primer lugar, no está claro si los numerosos universos que aparecen en el diagrama de Penrose-Carter son realmente otros universos o si se trata de regiones distantes del nuestro. La relatividad general es incapaz de responder a esta pregunta; es un problema de topología. Si fueran otras zonas de nuestro propio universo, la consecuencia sería terrible: estos agujeros de gusano permitirían viajar en el tiempo, ¡incluso al pasado! Los viajes al futuro son bastante posibles en física, tanto en la relatividad especial como en la general. No plantean ningún problema particular y son bien conocidos. Pero los viajes al pasado pueden generar todo tipo de paradojas insalvables. En parte por esta razón, se suele suponer que los universos revelados aquí se hallan efectivamente disjuntos del nuestro. Es una forma de protección cronométrica. Un *requisito* de coherencia.

En segundo lugar, estos agujeros de gusano son inestables. El hecho de que no esté prohibido viajar a través de ellos desde el punto de vista geométrico no significa que sea posible desde el punto de vista dinámico y práctico. Para lograr hacer un viaje así haría falta que la materia que se aventurara a entrar en ellos estuviese dotada de propiedades —lo que llamamos una «ecuación de estado»— extremadamente particulares y no encontradas todavía hasta la fecha.

En fin, es completamente posible que estos otros universos sean solo un artefacto matemático sin significado físico. La naturaleza está lejos de agotar todas las posibilidades. Multitud de soluciones que son posibles en muchas teorías no se materializan en la realidad.

Estas cuestiones llevan debatiéndose desde hace décadas y siguen sin tener respuestas claras y consensuadas. Aunque infructuosa hasta la fecha, la búsqueda observacional de agujeros blancos prosigue, y aunque estas «bocas abiertas» estén ausentes de nuestro mundo, siguen nutriendo la imaginación de los físicos y alimentando un fascinante trabajo de exploración teórica. Por supuesto, esta exploración es también una invención. La ciencia no consiste únicamente en sacar a la luz lo que ya existe: es también una actividad creativa. Se trata tanto de construir como de explorar. Se trata de efectuar una elección o un corte en el magma de las posibilidades.

¿Y si los agujeros negros fuesen más grandes de lo previsto?

El diámetro de un agujero negro resultante de la implosión de una estrella no excede de algunos kilómetros. Es un cálculo bastante sencillo, al alcance de cualquier estudiante de relatividad general. Pero cabe hacerse una pregunta mucho menos trivial: ¿cuál es el volumen interior de este agujero negro? Si se tratara de un objeto ordinario, la respuesta sería sencilla: una esfera de algunos kilómetros de diámetro contiene un volumen de algunos kilómetros cúbicos.

Pero los agujeros negros no son objetos simples, y determinar el volumen que contienen es de hecho muy complejo. Incluso depende de una serie de elecciones en cuanto a las variables utilizadas. Pero lo importante es que, para una elección razonable de la definición del volumen, ¡este aumenta con el tiempo! Aunque el tamaño exterior del agujero negro sea fijo, la «cantidad de espacio» en su interior no hace más que aumentar. Si esperamos lo suficiente, un agujero negro con un tamaño exterior de unos pocos kilómetros podría llegar a contener un volumen interno mayor que todo nuestro universo visible.

De ahí a considerar que los agujeros negros podrían ser los progenitores de otros universos solo hay un paso, un paso que algunos no han dudado en dar. La idea es muy especulativa y desde luego nada evidente. No obstante, es atractiva y merece ser estudiada. Incluso podría ser contrastada, ya que entonces se produciría una especie de evolución darwiniana de los universos. Los universos cuyas leyes no permiten la creación de agujeros negros serían estériles, sin descendencia y por tanto poco numerosos. En cambio, los que maximizan la producción de agujeros negros se verían naturalmente favorecidos estadísticamente y serían mucho más abundantes.

4. La mecánica cuántica y sus mundos paralelos

¡Sé plural como el universo!

Fernando Pessoa

Azar y deslocalización

La mecánica cuántica es, junto con la relatividad, la gran teoría de la física contemporánea. Aunque en principio puede jugar un papel en los cuerpos macroscópicos, es ante todo una descripción de la materia y la radiación a escala atómica y subatómica. Surgió a principios del siglo XX para hacer frente a una serie de incoherencias de la física clásica: esta predecía, por ejemplo, que en una fracción de segundo el electrón en órbita alrededor del núcleo de un átomo debía precipitarse hacia él. Los átomos serían por tanto extremadamente inestables. Evidentemente, no es así, pues aún estamos aquí para plantearnos la cuestión.

La mecánica cuántica posee una serie de características que son contrarias a la intuición pero que han sido firmemente confirmadas todas ellas por numerosos experimentos.

En primer lugar, formaliza la dualidad onda-corpúsculo. Según las circunstancias, la luz —y en última instancia incluso la materia— tiene las características o de una onda o de una partícula. ¿Cómo puede describirse una cosa en términos de entidades disjuntas e incompatibles? ¿Cuál es la respuesta correcta? La solución cuántica consiste en entender que la materia y la luz *existen* como partículas, pero que la *probabilidad de observar* estas partículas aquí o allá se comporta como una onda. Esto es lo que demuestra el experimento de las rendijas de Young: enviamos fotones (es decir, granos de luz) o incluso electrones, neutrones o átomos a través de dos pequeños orificios. Los observamos individualmente en tanto que corpúsculos: cada uno de ellos deja una huella en la forma de un punto claramente identificable. Son pequeñas bolas, partículas. Pero la distribución de esos puntos, su probabilidad de presencia, viene descrita por la ley de la interferencia de ondas. Se observan interferencias, como ocurre con las ondas acuáticas en la superficie de un estanque sobre el que se deslizan magníficos insectos zapateros. Con la física cuántica se disuelve y se fisura un cierto pensamiento unitario y global, casi convergente, de la ontología —del ser *en tanto que ser*— de la realidad.

En segundo lugar, la mecánica cuántica establece un principio de incertidumbre. En mecánica clásica es posible *a priori* conocer las características de un cuerpo, su trayectoria, su velocidad, etc. con una precisión arbitrariamente grande. Solo estamos limitados por nuestra capacidad tecnológica.

Las rendijas de Young

Una única fuente S emite partículas, de una en una. En un obturador se practican dos orificios S1 y S2. La figura obtenida en la pantalla no puede interpretarse desde el punto de vista de la física clásica. En cambio, la interpretación cuántica en términos de funciones de onda, y por tanto de objetos «deslocalizados», es coherente con las interferencias observadas.

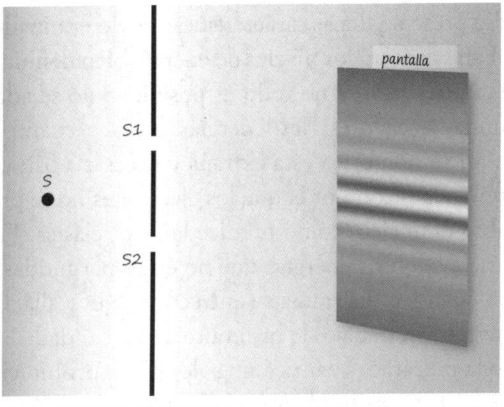

En principio, nada impide soñar con un conocimiento perfecto. La realidad clásica solo está enmascarada por nuestra incapacidad para sondearla. La situación es muy diferente en la mecánica cuántica: ya no es posible conocer la posición y la velocidad de un cuerpo con una precisión infinitamente grande. Hay que elegir: o saber dónde está, o saber adónde va. Imaginemos un electrón en movimiento. Para examinarlo con precisión necesitamos iluminarlo. Pero la luz necesaria para una medición muy precisa interactuará con él y lo desviará de su trayectoria inicial. Por tanto, el acto de medir afecta al sistema. Un velo desciende sobre el mundo. Lo envuelve y lo enmascara. Toda posibilidad de conocimiento perfecto se viene abajo, y la idea misma de acceder a los arcanos más ínfimos de la materia (al menos en el sentido clásico) se desvanece.

En suma, la física cuántica rompe con la continuidad que nos es tan familiar a escala macroscópica. En ella, muchas magnitudes se vuelven discretas, discontinuas. Por ejemplo, la luz emitida por las lámparas de vapor de mercurio o de sodio presenta líneas características de determinados colores. Estas reflejan los niveles de energía bien definidos de los electrones. Ahora no todo es posible. Solo se admiten determinados valores: las energías están... cuantizadas, dando así su nombre a esta extraña y necesaria física. Esta es también la razón por la que los electrones no se precipitan sobre el núcleo, como predice la física clásica. Eso les obligaría a adquirir energías que no están permitidas en el mundo cuántico. La trama se entrecorta aquí y allá. Como si se revelara el trabajo de urdimbre de la realidad.

Pero la mecánica cuántica no solo utiliza prohibiciones. También abre posibilidades que la mecánica clásica ni siquiera podía contemplar. El efecto túnel cuántico permite a ciertas partículas seguir trayectorias que normalmente son imposibles. Imaginemos, por ejemplo, que se lanza una pelota montaña arriba por un camino ascendente, a una velocidad que le impide llegar a la cima y caer hacia el valle al otro lado. Desde el punto de vista clásico, el experimento puede repetirse tantas veces como se quiera, que si la energía es insuficiente, la pelota no logrará nunca superar la cumbre. En cambio, la física cuántica demuestra que, de vez en cuando, por el efecto túnel, algunas pelotas pasarán al otro lado, aunque parezca que es imposible que lo hicieran. Una cierta transgresión se cuela en el mundo cuántico... En él las infracciones son cuantiosas y no pueden ser frenadas por ninguna autoridad reguladora.

El efecto túnel

En física clásica, si la pelota se lanza desde una altura suficiente (primera línea), podrá cruzar el badén con toda seguridad. Si, por el contrario, se lanza desde una altura insuficiente, es decir, con menos energía, se quedará atascada en el badén (segunda línea).

En la física cuántica, aunque la pelota se lance con una energía insuficiente, podrá pasar el badén (tercera línea).

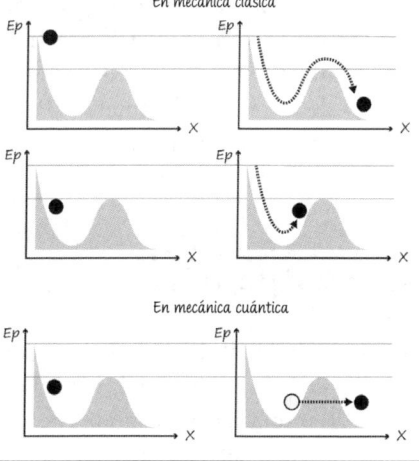

Por extrañas que sean, las predicciones de la mecánica cuántica han sido verificadas con tremenda precisión a lo largo del siglo XX. Hoy en día, la mecánica cuántica es uno de nuestros fundamentos científicos más esenciales y menos cuestionados. En particular, en la década de 1980 se llevaron a cabo experimentos determinantes en Orsay (Universidad de París Sur) que permitieron establecer el fenómeno del entrelazamiento cuántico: dos partículas con un origen común no pueden considerarse independientes. Sorprendentemente, cualquier medición efectuada sobre una de ellas influirá instantáneamente en el estado de la otra, aunque esta se encuentre a miles de millones de kilómetros. Ya no es posible considerarlas como dos entidades: son un único sistema cuántico. Por eso no se puede decir que un mensaje viajaría aquí más rápido que la velocidad de la luz.

Así pues, la mecánica cuántica rediseña a fondo la cartografía y la taxonomía de lo infinitamente pequeño. Plantea cuestiones esenciales sobre el papel del observador y exige renunciar por completo al «confort» determinista, continuo y localizado de la ciencia de antaño. ¡Pero también abre nuevas perspectivas en relación con los universos múltiples!

Everett y sus múltiples universos

En la década de 1950, Hugh Everett, un joven estudiante de la Universidad de Princeton, tuvo la intuición de que la física cuántica podía revolucionar el concepto de mundo. Esta ciencia también es interesante porque exige un compromiso interpretativo, mal que pese a quienes desean atenerse a los meros cálculos. Para que el modelo tenga sentido, no basta con disponer de una teoría física, sino que hay también que descifrarla. Es a través de esta interpretación —que a veces aterra e inquieta— como se revela un nuevo y sorprendente multiverso: las ramificaciones en universos paralelos. La interpretación de Everett no es la única, ni goza de consenso. Pero hay que decir que, sesenta años después de ser propuesta por primera vez, sigue siendo muy debatida y parece incluso ganar para su causa a un número creciente de teóricos.

Paradójicamente, la apuesta de Everett consiste de hecho en intentar prescindir, en la medida de lo posible, de interpretaciones engorrosas y conceptualmente costosas y confiar en las matemáticas de la física cuántica. Esta es exótica en sus consecuencias, pero desde luego no en sus hipótesis.

La cuestión toca naturalmente el problema de la medida. En el mundo cuántico, una partícula elemental puede encontrarse en una superposición de estados. Se encuentra entonces *simultáneamente* en varios «modos de ser» que se considerarían como clásicamente incompatibles. Un electrón, por ejemplo, puede estar en distintos lugares y tener distintas velocidades al mismo tiempo. Dado que el mundo macroscópico habitual está formado, a nivel elemental, por partículas cuánticas, ¿por qué nunca presenta estos extraños efectos? ¿Por qué un cuerpo humano nunca experimenta la ubicuidad que pueden experimentar los protones que lo componen? ¿Cómo emerge la unicidad a partir de esta diversidad? ¿Cómo emergen las leyes clásicas a partir de las leyes cuánticas, que son sin embargo las más fundamentales y las más exactas?

Para describir un estado cuántico es útil utilizar un objeto matemático llamado «función de onda». Esta función trata cada elemento de la superposición de estados cuánticos como igual de real. Se rige por una ecuación perfectamente clara y determinista, la ecuación de Schrödinger. Pero en el momento de medir, en el momento en que un objeto cuántico interactúa con un objeto clásico, generalmente se supone que la función de onda «colapsa» en una sola de las múltiples potencialidades superpuestas que describía. Por tanto, la evolución regular y continua (unitaria, se dice en física) se vería interrumpida por la medición. El vector que describe el sistema se «proyectaría», de alguna manera, sobre un único estado de base. Perdería así una de sus propiedades esenciales.

Pero este colapso que selecciona solo uno de los estados superpuestos es algo que se añade de manera artificial. En cierta medida, no forma parte del núcleo de la mecánica cuántica. Es un injerto desgraciado en el corpus de base, un truco para hacer emerger el mundo clásico, sin ubicuidad ni ambigüedad, a partir del mundo cuántico. Esto es precisamente lo que Everett no acepta. Hace que el observador forme parte del sistema observado, introduciendo una función de onda universal que describe todas las partes implicadas. Mientras que la presentación ortodoxa de la mecánica cuántica enseña que el concepto de función de onda solo se aplica a determinados objetos, Everett, en aras de la coherencia y la elegancia, propone una visión heterodoxa que sigue al pie de la letra los preceptos matemáticos de la física cuántica. Considera por tanto que la evolución suave (unitaria) no se interrumpe durante el proceso de medida.

Según esta lógica, la función de onda de un observador se bifurca a cada interacción con una partícula cuántica que se encuentre en una superposición de estados. Así, la función de onda global contiene ramas para cada alternativa de la superposición, y cada rama contiene una «copia» del observador. Por razones matemáticas profundas, estas diferentes ramas no interactúan unas con otras: cada una crea un futuro diferente.

Dicho con otras palabras, a cada interacción de un corpúsculo cuántico con un objeto clásico habría una bifurcación en universos paralelos. El mundo entero se separaría así en múltiples componentes. Y como las interacciones serían extremadamente numerosas, también lo serían los universos paralelos. No estarían situados «lejos de aquí», como los volúmenes de Hubble de la relatividad general, ni en el corazón de los agujeros negros, como en la geometría de Schwarzschild. Estarían estrictamente en «otro lugar», más profundo que el de una simple separación espacial. Este nuevo multiverso es totalmente compatible con los precedentes: no está ni por encima ni por debajo de ellos, es consustancial con sus eventuales primos hermanos.

Si, por ejemplo, nuestros procesos neuronales están fundamentalmente sujetos a fenómenos cuánticos, lo que es altamente probable, debe existir un universo en el que *El perro* pintado por Goya esté perdido, como derrelicto, en un océano de ocres abierto sobre un oscuro infinito, y otro universo —¡claramente no el nuestro!— donde lo pensara sin ofrecerle, por desgracia, un futuro de pigmentos y contornos.

Everett inventa un multiverso para finalmente mantenerse lo más coherente posible con las prescripciones fundamentales de la mecánica cuántica. Aquí los mundos florecen durante las interacciones. Todo lo que estaba autorizado por la descripción cuántica deviene efectivo en un mundo paralelo. Lo real se «desatrofia».

Figura 4.1. Interpretación de Everett de la mecánica cuántica con ramificación en universos paralelos. Según Max Tegmark.

Sin embargo, yo nunca me permitiría utilizar esta potencialidad para (como se puso de moda hace unos años en Stanford) decir a los estudiantes descontentos que vienen a preguntar por sus resultados: «Enhorabuena, has aprobado el examen. Pero lo siento, no en este universo».

Decoherencia

La diferencia entre la interpretación habitual de la mecánica cuántica, en la que la función de onda colapsa repentinamente y de forma poco elegante, y la de Everett, en la que proliferan los universos, podría parecer puramente metafísica. No por ello sería menos importante: el hecho de que una postura no sea estrictamente inteligible en términos físicos evidentemente no la descalifica. Pero trabajos recientes demuestran que ni siquiera es así. La cosmología cuántica abre la puerta a posibles contrastaciones experimentales de esta interpretación. El primer artículo del milenio, publicado en línea poco después de la medianoche del 1 de enero de 2000 por el gran físico Don Page, está dedicado precisamente a las consecuencias observacionales de la propuesta de Everett. Sugiere maneras —aún no utilizables en la práctica pero en principio accesibles— de contrastar su modelo. Yo mismo publiqué un artículo en este sentido, en el que se muestra que en el marco de la cosmología, de la ciencia del universo, podría ser posible contrastar la visión de Everett y sus universos paralelos. Consideremos un ejemplo caricaturesco pero preciso. Supongamos que la evolución cuántica del universo conduce al estado A con una probabilidad de 1 entre 1000, y al estado B con una probabilidad de 999 entre 1000. Y supongamos que hay mil millones de observadores en el mundo A y mil en el mundo B. Según la interpretación usual de la mecánica cuántica, independientemente de los observadores, debemos estar, una alta probabilidad, en el mundo B, ya que es un mundo muy probable. *A contrario,* según la interpretación de Everett, todas las posibilidades son reales.

Existen realmente muchos universos con pocos observadores y un único universo con un número muy grande de observadores. Como este número inmenso compensa con creces la unicidad del universo en el que se encuentran los observadores, una persona elegida «al azar» tiene ahora muchas más posibilidades de encontrarse en un universo de tipo A que en un universo de tipo B (ya que hay un total de 1000 × 1000 = un millón de personas en universos de tipo B, y mil millones de personas en universos de tipo A). En otras palabras, la predicción se invierte: ahora es el universo A, y no el universo B, el que tiene más probabilidades de ser observado. Esto demuestra que, en principio, la visión de Everett no es indistinguible de la visión más ortodoxa de la escuela de Copenhague.

Antes de calificar una nueva idea de «inverificable», como se ha hecho muchas veces en la historia, es bueno ser prudente. Acordémonos de Auguste Comte, que se negó a admitir que la composición de las estrellas fuese una cuestión de naturaleza científica, alegando que era imposible ir a verificarlo. Pocos años después nació la espectroscopia, que permite medir las propiedades de la luz y determinar así con extrema precisión la naturaleza de los elementos que emiten la radiación...

En las últimas décadas se han realizado inmensos progresos en el estudio de la decoherencia. Este es el nombre genérico que se ha dado a la teoría que permite explicar la transición entre el nivel cuántico y el clásico. Según este modelo, cuando un estado «superpuesto» interactúa con su entorno, las distintas posibilidades se vuelven incoherentes (de ahí el nombre del modelo) y la probabilidad de observar una superposición tiende naturalmente a cero. Al tener en cuenta la forma en que se suman las «fases», la decoherencia funciona extremadamente bien y parece ofrecer una respuesta natural a la paradoja de la superposición sin necesidad de recurrir a la vertiginosa interpretación de Everett. Muchos ven en ella la solución definitiva al problema y la culminación de la mecánica cuántica. Bastaría con tener en cuenta este efecto de entorno para eliminar las paradojas: el mundo ordinario emergería entonces espontáneamente de los estados ubicuos de la física cuántica.

Pero en realidad es poco verosímil que ese pueda ser el caso. La decoherencia conduce efectivamente a estados mutuamente excluyentes, pero no a un estado *único* como el que observamos en el mundo clásico que nos es familiar. Por tanto, es necesaria, pero no suficiente, para una comprensión fina de la física cuántica. La decoherencia no explica cómo y por qué la realidad elige un estado específico en lugar de otro. No genera la unicidad de manera dinámica. La visión de Everett conserva por tanto todo su sentido y, sin estar demostrada —y ninguna teoría física puede estarlo nunca—, es claramente una visión matemáticamente coherente y metafísicamente estimulante.

Para ilustrar la superposición cuántica, los físicos acostumbran a poner el ejemplo de un gato, llamado «de Schrödinger», encerrado en una caja opaca. Dentro de la caja hay un núcleo radiactivo descrito por la mecánica cuántica. Si el núcleo se desintegra, emite partículas que son detectadas por un dispositivo que desencadena un mecanismo que libera un fuerte veneno que mata al gato. Mientras el núcleo no se desintegra, no ocurre nada en particular y el delicado felino puede seguir retozando. Pero como el núcleo es cuántico, puede estar en una superposición de estados.

Puede estar tanto desintegrado como no desintegrado. Por consiguiente, el dispositivo debería hacer que el gato estuviese tanto muerto como vivo. En la visión de Everett, hay un universo en el que está muerto y otro en el que está vivo. Los mundos proliferan.

Figura 4.2. El dispositivo de la derecha activa el martillo que rompe el matraz de veneno y mata al gato si el núcleo radiactivo que contiene se desintegra. Si el núcleo, un objeto cuántico, está en una superposición de estados, ¡el animal también debe estarlo!

Este ejemplo del gato, consagrado por la historia y mencionado en todos los manuales de mecánica cuántica, no solo revela nuestras dudas sobre la física subatómica. Revela también nuestra relación apática con el sufrimiento y la muerte animal. Más allá de esta elección dudosa pero finalmente bastante anodina para ilustrar el problema de la superposición de estados, me gustaría que encaráramos por fin la inmensa y abismal cuestión ética de la suerte reservada a los animales. Los hombres no dejan nunca de torturar y abatir sus gatos de Schrödinger... Aunque ya no podemos negar a los animales el estatuto de seres sensibles que sufren y sienten (cosa incluso consagrada recientemente en la ley), aunque la existencia de una conciencia animal ya no está en duda en muchos casos y aunque nuestra comprensión de los seres vivos demuestra que no hay nada que sitúe a los humanos en una categoría trascendente o radicalmente heterogénea, nuestra violencia hacia ellos no cesa de aumentar. Se halla aquí en juego algo tan trágico como incoherente que atañe a nuestra responsabilidad. Responsabilidad hacia los demás seres vivos a los que negamos la vida misma, hacia el medio ambiente, que ya no puede soportar la presión ejercida por la alimentación cárnica (alimentar el ganado para obtener carne requiere diez veces más recursos que si las personas se alimentaran directamente de los cereales utilizados para el ganado), y hacia los seres humanos del mañana, a los que estamos legando cuerpos envenenados. Ya no es posible considerar, una vez más, una vez de más, que esta cuestión esencial y estrictamente existencial no es más que un sentimentalismo secundario del que ya nos ocuparemos cuando llegue el momento. El momento llegó desde el mismo principio, y sin embargo, sin hacer violencia a la violencia misma, nunca se le plantará cara. Que los animales cosificados soportan los peores calvarios y mueren lejos de nuestra mirada —ocultación hábilmente orquestada— no disminuye en nada, sino todo lo contrario, la urgencia de la cuestión.

5. Una breve historia de la multiplicidad de mundos

> La Musa anima, subleva, excita, pone en movimiento. Vela menos por la forma que por la fuerza. O más exactamente: vela con fuerza por la forma. Pero esta fuerza brota en plural. Se da, desde el principio, de múltiples formas. Hay Musas, no «la» musa. Su número puede haber variado, también sus atributos, pero las Musas habrán sido siempre varias.
>
> JEAN-LUC NANCY, *Les Muses*

Aunque la física da un nuevo significado al concepto de multiverso, es esencial tener en cuenta que la idea no es una invención contemporánea.

Los orígenes griegos

Anaximandro, el filósofo presocrático griego (c. 610 a.C. - c. 546 a.C.), puede considerarse sin duda (al menos según los extractos fragmentarios de que disponemos) uno de los padres de la noción de múltiples mundos. Inventa la pluralidad de mundos suponiendo que aparecen y desaparecen, que unos emergen mientras otros perecen. Este movimiento es para él necesariamente eterno porque, como escribía Simplicio, «sin movimiento no puede haber ni generación ni destrucción». Anaximandro también afirma que el principio de los seres emana del infinito, del que proceden los cielos y los mundos. Y el propio Cicerón especifica que el filósofo asociaba diferentes dioses con los innumerables mundos sucesivos. La cosmología de Anaximandro marca una ruptura con las de sus predecesores, tanto en lo que enuncia como en aquello en lo que se basa. Se organiza en una especie de tensión definitoria entre el principio de lo ilimitado (*ápeiron*), la estructura de los objetos que componen el mundo y el carácter del propio mundo, en tanto que sistema astral. Anaximandro impone a la naturaleza el no tener ningún derecho a la inmortalidad ni a la unicidad. En la encrucijada de la empiria y del pensamiento trascendental, el concepto de múltiples mundos aparece aquí de alguna manera por defecto. La finitud del mundo —limitado en calidad, espacio y tiempo— impone su corrupción. Es perecedero porque es limitado. Anaximandro, a quien algunos, como el físico Carlo Rovelli, consideran el precursor de la física moderna, crea la pluralidad de mundos por un estricto deseo de coherencia interna y de inteligibilidad.

La cuestión se plantea también más tarde entre los atomistas. Para Demócrito (principios del siglo IV a.C.) y Epicuro (principios del siglo II a.C.), no solo hay un número ilimitado de átomos, sino que también parece haber un número ilimitado de mundos. Universo se escribe en plural, los mundos pueden nacer y morir. Pero aquí la multiplicidad se difracta: la multiplicidad de efectos (mundos y formas atómicas) solo es posible si se postula una multiplicidad de principios. Conviene sin embargo considerar con prudencia esta noción de infinito. Cuando Demócrito escribe que el número de formas atómicas es ilimitado, esto no significa *sensu stricto* que sea rigurosamente infinito en el sentido de lo enumerable o de lo numerable: el término es menos restringido que en Anaximandro y puede traducirse tanto por «indefinido» como por «ilimitado». La naturaleza se inventa una especie de contingencia estructural dentro de este mecanicismo: la necesidad es menos imperiosa porque las formas que reviste se multiplican. Hasta en la asombrosa contemporaneidad de la *peripalaxis* original: colisión o salpicadura primitiva que induce un desbordamiento sin dirección privilegiada, en extraña resonancia con nuestro Big Bang actual...

La idea de Epicuro, aunque basada en la física de Demócrito, se propone refundar esta última radicalmente. Epicuro limita las formas atómicas, y Lucrecio, su discípulo latino, escribe explícitamente que «las formas de la materia no deben variar tampoco *ad infinitum*». Y es precisamente este rechazo de lo ilimitado lo que impone una idea del límite magníficamente encarnada en la imagen del *clinamen*. Esta desviación *nec plus quam minimum* (no más que lo mínimo) de las partículas de su trayectoria abre lo que Lucrecio llama un «principio de indeterminación». Los cuerpos pueden ahora desviarse aleatoriamente de sus líneas de caída. Pero como contrapunto a esta estocasticidad de los sucesos, Lucrecio insiste en la ineluctabilidad de las leyes.

Edad Media y Renacimiento

La extrema libertad de los atomistas griegos no podía convenir a los grandes sistemas de la Edad Media. La pluralidad de los mundos griegos estuvo siempre asociada, de un modo u otro, a un rechazo del finalismo, cosa que subraya Tomás de Aquino en el siglo XIII: «Por eso solo pudieron admitir una pluralidad de mundos, que no asignaba a este nuestro una sabiduría ordenadora, sino el azar. Así, Demócrito decía que el encuentro de los átomos produce no solo este mundo, sino una infinidad de otros mundos». La solución de santo Tomás, para quien todo está necesariamente ligado a un principio unificador y organizador, es conocida: «La razón por la que el mundo es único es que todas las cosas deben estar ordenadas hacia un fin único según un orden único. [...] Y Platón prueba la unidad del mundo por la unidad del ejemplar del que se sirve». En otras palabras, «la unicidad del mundo deriva de su finalidad». El sistema teológico cierra las puertas que abrieron los librepensadores griegos.

El Renacimiento asiste de nuevo a un florecimiento de los mundos múltiples. En su *De docta ignorantia*, publicado en 1440, Nicolás de Cusa —coetáneo del redescubrimiento de Lucrecio— sienta las bases de una cosmología posmedieval, tomando prestada de Empédocles, filósofo y médico griego del siglo V a.C., la imagen de un «Universo que tiene su centro en todas partes y su circunferencia en ninguna». De manera notable, contempla una pluralidad de mundos cuyos habitantes se distinguirían por sus caracteres propios: «Sospechamos que los habitantes del Sol son más solares, ilustrados, iluminados e intelectuales; los suponemos más espirituales que los que viven en la Luna, que son más lunáticos; por último, en la Tierra son más materiales y toscos. [...] Lo mismo sucede con las regiones de las otras estrellas, pues ninguna de ellas, creemos, está desprovista de habitantes».

Nicolás de Cusa abre una brecha hacia la pluralidad en la que se precipitará Giordano Bruno, filósofo italiano que fue quemado vivo en 1600: «Sigue haciéndonos conocer qué es realmente el cielo, qué son en verdad los planetas y los astros todos, cómo se distinguen entre sí los infinitos mundos, cómo no es imposible sino necesario tal efecto infinito [...]. Apórtanos el conocimiento del universo infinito. Despedaza las superficies cóncavas y convexas que limitan por dentro y por fuera a tantos elementos y cielos. Torna ridículos los orbes deferentes y las estrellas fijas. Rompe y echa por tierra con el estruendo y el torbellino de tus vivas razones estas que el ciego vulgo considera diamantinas murallas del primer móvil y de la última convexidad. Derrúmbese el ser único y verdadero centro esta Tierra. [...] Abre la puerta por la cual veamos la no diferencia de este astro con respecto a los otros [...]. Muestra que la estabilidad de los otros mundos en el éter es igual a la de este». No nos equivoquemos: Bruno no se contenta con argumentar contra el geocentrismo, sino que socava pacientemente todo el marco conceptual del *cosmocentrismo*. Manteniendo la distinción entre Dios y el Universo, Bruno elimina la trascendencia, considerando a uno y otro como dos caras internas de una misma realidad, que no podrían existir por separado.

Su hermano del alma francés, François Rabelais (1483 o 1494-1553) propone múltiples universos en un sentido a fin de cuentas muy diferente, pero indefectiblemente afín. Rabelais menciona explícitamente la existencia de «varios mundos». Siguiendo el ciclo del tiempo, las verdades caerían sobre los mundos dispuestos en una estructura triangular en torno al círculo de las ideas platónicas. Los mundos de Rabelais no están «en otra parte» como en Bruno. Están debajo o dentro del nuestro, como los pájaros que vuelan en la boca de Pantagruel. Bruno está en el lenguaje vernáculo de la filosofía, busca una coherencia lógica y una visión holística, es decir, global y exhaustiva. Rabelais, en cambio, está en la narración de la naturaleza y la autoexégesis de su propia narración: se interpreta a sí mismo tanto como interpreta el mundo.

Época clásica

En la época clásica, Gottfried Wilhelm Leibniz (1646-1716) puede considerarse naturalmente como el gran inventor de los mundos múltiples en el sentido radical del término. Como ha señalado ampliamente Gilles Deleuze, Leibniz es un teórico del orden en todas las ramificaciones posibles del concepto. Pero, paradójicamente, para que este orden implacable funcione, tiene que inventar conceptos «descabellados», en una creación continua, casi frenética. Los conceptos florecen en Leibniz. Cuando decreta que nuestro mundo es el «mejor» de entre un número muy grande, de hecho infinito, de otros mundos, no hay que pasar por alto que todos ellos presentan una perfecta coherencia interna. Pero estos universos no tienen existencia real. Son mundos lógicamente posibles que Dios (él mismo subordinado a la razón ya que es una condición necesaria para la absolutez de la libertad) podría haber creado pero que libremente eligió *no* hacerlo. Leibniz es muy claro: «Llamo mundo a toda la serie y colección de todas las cosas existentes, para que no se diga que pueden existir muchos mundos en diferentes tiempos y lugares. Porque habría que contarlos a todos juntos como un mundo, o si se quiere, como un universo. Y si llenáramos todos los tiempos y todos los lugares, seguiría siendo cierto que podríamos haberlos llenado con un número infinito de mundos posibles, de los cuales Dios debe haber elegido el mejor, ya que no hace nada sin actuar según la razón suprema [...]. Es necesario saber que todo está ligado en cada uno de los mundos posibles: el Universo, cualquiera que sea, es todo de una pieza, como un océano; el menor movimiento extiende su efecto a la distancia que sea, aunque este efecto se hace menos sensible en proporción a la distancia: de modo que Dios lo ha regulado todo de antemano [...] de manera que nada puede cambiarse en el Universo (igual que en un número), excepto su esencia, o, si se quiere, excepto su individualidad numérica».

Por tanto, Leibniz contempla también una forma de contingencia del mundo real y efectivo: podría no ser o podría ser otro.

La tensión fundamental de la pirámide leibniziana reside en que, si bien es admisible considerar que el creador hace una elección entre los composibles (es decir, no solo lo que es posible, sino también lo que es compatible con los demás componentes del mundo real), es en cambio imposible sustraerse a las verdades necesarias. La revolución por venir será en parte una transgresión del sistema de Leibniz al establecer una especie de porosidad epistémica entre lo necesario (el marco lógico) y lo contingente (los fenómenos dentro del marco).

Poco después de Leibniz, Bernard Le Bouyer de Fontenelle publica en 1786 sus *Entretiens sur la pluralité des mondes*.

Se trata aquí de incluir la revolución copernicana en una filosofía natural cartesiana. Pero el núcleo de este discurso, en la confluencia de la conversación galante y el pensamiento científico, descansa en la noción de punto de vista. Se trata de perspectivismo, es decir, de la relatividad de las visiones. El saber se concibe como subordinado a ciertas construcciones cuyos fundamentos no son inmutables. Se subraya fuertemente la dimensión cultural del conocimiento. El discurso de Fontenelle no es meramente escéptico: se propone hacer aceptable y significativo un cierto relativismo. Ofrece una profunda legitimidad a esta postura tan denostada por la tradición. Da un sentido auténticamente revolucionario a la irreductible diversidad de los mundos, mucho más allá de la aceptación puramente científica de esta diversidad. Encara la multiplicidad de formas de ver el mundo como otras tantas pequeñas demiurgias.

La filosofía contemporánea

En la filosofía analítica contemporánea, David Lewis propone una arquitectura muy diferente de los mundos múltiples. A la pregunta esencial de la existencia efectiva de estos mundos posibles Lewis responde afirmativamente sin ambigüedad: lo que propone aquí es la tesis central del realismo modal. Y no se basa en la astrofísica, sino en el lenguaje. El mundo que habitamos, el cosmos entero, no es más que uno entre una pluralidad de otros mundos, que aquí no están espacial ni causalmente correlacionados los unos con los otros. Todo lo que podría haber ocurrido en nuestro mundo se produce en realidad en uno o varios de los otros mundos. En unos mundos, Nietzsche no reniega de Wagner y se entusiasma con Sócrates; en otros, Platón canta las alabanzas de las complejas armonías de la flauta o la cítara e invita a los artistas a tomar el poder en la ciudad. Todo cuanto podríamos haber hecho en este mundo (pero no hicimos) lo hace una de nuestras contrapartes en otro mundo. La historia de esta contraparte coincide hasta entonces con la nuestra y se desvía de ella en cuanto uno de sus elementos de realidad difiere del nuestro. Según el realismo modal, lo actual y lo posible no presentan diferencias fundamentales en cuanto a su existencia. Solo difieren en su relación con nosotros: los mundos posibles nos son inaccesibles, pero no por ello son menos reales. Las respuestas de Lewis a la tendencia dominante, que considera los múltiples mundos como entidades abstractas e irreales, se encuentran principalmente en su obra principal, *On the Plurality of Worlds* (Sobre la pluralidad de mundos).

Para él, no se trata tanto de convencer (dentro de una cierta tradición pragmática le preocupan más los efectos que los fundamentos) como de proponer una verdadera metafísica modal. ¿Por qué habría que creer en la pluralidad de mundos? Lewis basa su argumentación en la estructura del lenguaje ordinario. En otras palabras, se propone averiguar a qué puede referirse una expresión como «las formas en que podrían haber sucedido las cosas», para demostrar que solo puede tratarse de mundos posibles. Ante las objeciones de algunos de sus contemporáneos de que, de hecho, es mucho más probable que esas estructuras lingüísticas remitan a conceptos abstractos, Lewis abandonó este intento de justificación para concentrarse en un enfoque sistemático y casi sistémico del problema. La coherencia de tal planteamiento descansa en la construcción de una *teoría total*, es decir, de un estudio del conjunto de lo que «se considera verdadero». Desde un punto de vista técnico, el interés de la hipótesis de los mundos posibles reside en que constituyen una manera de reducir la diversidad de las nociones que deben considerarse primitivas: la «verdad» en el lenguaje se vuelve más sencilla de definir y de aprehender. Lo cual permite una amplia economía conceptual y refuerza tanto la unidad global de la teoría como su robustez. Lewis considera que sus mundos plurales son un paraíso para los filósofos, por la misma razón que las clases son un paraíso para los matemáticos. Naturalmente, Lewis, para quien la utilidad de esta diversidad es el argumento central, es consciente de que eso no es criterio suficiente para establecer su legitimidad: que una idea sea práctica no basta para que sea verdadera. Sin embargo, es en un análisis de los costes y beneficios del concepto de mundos plurales en lo que pretende basar lo esencial de su «demostración».

Los mundos de Lewis son *abundantes*. Esta es una característica fundamental. No debe haber «vacíos» en el espacio lógico, de modo que todas las posibilidades concebibles se realicen efectivamente en alguna parte. Lewis desarrolla un riguroso principio de recombinación que permite crear mundos. Se trata en esencia de garantizar una profusión suficiente de mundos para satisfacer el *requisito* de completitud del sistema. Como es natural, el realismo modal ha sido objeto de muchas objeciones. De carácter lingüístico, epistémico, ético e incluso intuitivo. Para cada una de ellas, Lewis ofrece soluciones detalladas y plausibles, pero hay que decir que la tesis central del realismo modal no ha tenido amplia aceptación. Al proponer que la realidad es una noción indicial, es decir, que debe estar adosada a las situaciones locales que la producen, Lewis abre una vía singular y extremadamente fértil para fundar un paradigma lógico y filosófico propicio a la descripción de multiversos físicos.

Nelson Goodman, por último, propone múltiples mundos en un sentido muy diferente y quizá aún más radical. Inspirándose tanto en el filósofo neokantiano alemán Ernst Cassirer como en William James, se interesa por nuestra capacidad de crear mundos mediante el uso de símbolos. Goodman señala que nuestras maneras de describir la realidad son más bien maneras de crear mundos. Y como estas maneras son numerosas y a menudo incompatibles, los mundos en cuestión son también abundantes e irreductibles unos a otros. El papel de la irreductibilidad es esencial en su planteamiento: significa comprender que los mundos de la literatura o de las artes visuales, por ejemplo, no pueden reducirse a las matemáticas o a la biología molecular. No pueden reducirse ni de hecho ni de derecho. Nuestras maneras de pensar la realidad son tan diversas —y a menudo mutuamente excluyentes— que suponer la existencia subyacente de un único mundo ya no tiene sentido: vale más considerar los múltiples mundos creados por nuestros usos simbólicos.

Resulta interesante que la postura de Goodman —muy revolucionaria e innovadora— no proviene de un deseo de diversidad formulado *a priori*, sino que más bien es la consecuencia de un austero rigorismo. Es en tanto que filósofo analítico apasionado por la lógica como Goodman llega en efecto a suponer la existencia de esos «innumerables mundos hechos a partir de la nada mediante el uso de símbolos». Aunque no tenga ningún vínculo directo con el multiverso físico, esta postura de «relativismo radical bajo rigurosas restricciones», como la llamaba Goodman, me parece extremadamente fructífera para pensar la física contemporánea: una manera, no única y sin veleidad hegemónica, de *hacer* un mundo.

Otros filósofos, en particular autores franceses contemporáneos, se interesan por estos plurimundos. Mi amigo Jean-Clet Martin, autor de numerosos libros y amigo íntimo de Gilles Deleuze, acuñó recientemente el concepto de pluriverso. En él concibe la *divergencia* en toda su intensidad. Y con Jean-Luc Nancy, figura importante de una línea filosófica trazada con Jacques Derrida y Philippe Lacoue-Labarthe, asumimos el riesgo de escribir *Mondes*, en plural, en una reflexión sobre el «más de uno».

Así pues, si bien los múltiples universos de la astrofísica contemporánea siguen siendo obviamente innovadores y se basan en ideas científicas recientes, debemos tener en cuenta que la diversidad de mundos no es una invención de nuevo cuño. Somos también herederos de ese largo viaje con ramificaciones a su vez innumerables. Junto a su obsesión por ordenar y reducir a la unidad, nuestra historia intelectual también ha inventado —y me atrevería a decir que afortunadamente— estos islotes de subversión y de insolencia.

6. La inflación eterna

¿Y si tuviéramos que «desnacer» para acceder por fin a la realidad, para tocarla en su unidad? Destruir todo el ser y lo que cree ser, invaginarse en oleadas de tremenda rabia, para abordar por fin ese ser.

MATHIEU BROSSEAU, *Ici dans ça*

Algunos problemas del modelo del Big Bang

El modelo del Big Bang, en sentido amplio, describe nuestro universo como expandiéndose y enfriándose desde un pasado en el que las distancias eran mucho menores que hoy y la temperatura media era muy elevada. La totalidad de nuestro volumen de Hubble, todo lo que es visible, estaba comprimido en una esfera más pequeña que la cabeza de un alfiler. El modelo, por sorprendente que sea, es notablemente coherente. Está respaldado por múltiples observaciones y lo explica perfectamente la relatividad general. Como marco global del pensamiento cosmológico, es probable que ya no se vuelva a cuestionar nunca, aunque la postura científica exige permanecer permeables a la duda y a la posibilidad de un colapso. Así como es improbable que en el futuro se cuestione la redondez de la Tierra, podemos razonablemente conjeturar que la expansión del espacio es un hecho casi definitivo.

Sin embargo, este hermoso edificio no está exento de paradojas. En primer lugar, porque hoy se ha comprobado que la mayor parte de la masa del universo es invisible y que hay una misteriosa energía oscura que acelera la expansión cosmológica. Pero sobre todo por varias otras razones que justificarán la introducción de una enmienda importante al paradigma: la inflación cosmológica. ¿Cuáles son esas dificultades?

La primera es la asombrosa homogeneidad del universo. La radiación fósil muestra que la temperatura es la misma en todas las direcciones, con una precisión impresionante. La primera gran lección de la radiación cosmológica fósil, más aún que la de revelar pequeñas asperezas cargadas de significado, es esa: que el universo es esencialmente similar en todos sus puntos. Sin embargo, según el modelo estándar, muchos de esos puntos no están en contacto causal. Quiere decir que nunca tuvieron la oportunidad de interactuar y, en consecuencia, de intercambiar calor. Entonces, ¿en virtud de qué milagro están exactamente a la misma temperatura? Es comprensible que la temperatura de la sopa (aunque sea la primordial) en una marmita (aunque sea la cosmológica) sea homogénea como resultado de procesos de difusión dentro de la marmita. Pero ¿cómo entender que cuarenta mil marmitas (en la radiación fósil se han visto otras tantas zonas celestes aparentemente independientes), a cargo de cuarenta mil brujos que no están en comunicación mutua, se encuentren efectivamente en el mismo estado de temperatura? Esta es la primera paradoja que hará necesario recurrir a la teoría de la inflación.

La radiación fósil

El universo se dilata y se enfría. Poco después del Big Bang, la densidad y la energía eran tan grandes que la luz no podía propagarse libremente. Estaba constantemente en interacción con la materia. Pero llegó un momento (unos 380 000 años después del Big Bang) en que la temperatura disminuyó lo suficiente como para que la luz dejara de interactuar y se propagara libremente. Este baño de fotones constituye lo que se conoce como la «radiación fósil» y representa la primera luz del universo.

En segundo lugar, la física de partículas predice la existencia de monopolos magnéticos que deberían haberse formado en el universo primordial. Se trata de objetos pesados, unos diez mil billones de veces más masivos que los protones. Son entidades genéricamente esperadas en el marco de las teorías de unificación que pretenden conciliar las dos fuerzas nucleares y el electromagnetismo. Estas teorías deben describir el estado del universo cuando este estaba aún muy caliente (típicamente a una energía un billón de veces superior a la alcanzada en el acelerador LHC del CERN). Pero los monopolos magnéticos tendrían que ser entonces tan abundantes como los protones. Sin embargo, mientras que los protones están por todas partes a nuestro alrededor y dentro de nosotros mismos, evidentemente no ocurre lo mismo con los monopolos magnéticos, lo cual es señal de una incoherencia.

Por otro lado, nuestro espacio parece ser tremendamente plano. Plano, en este contexto, no significa «aplanado» como una oblea o una tortita, sino desprovisto de curvatura, es decir, euclidiano. Un espacio euclidiano es aquel en el que la geometría aprendida en la escuela es correcta: la suma de los ángulos de un triángulo es 180 grados y la circunferencia de un círculo es igual a 2π veces su radio. Pero la relatividad de Einstein nos ha enseñado que, en general, no es así. La masa distorsiona el espacio y le confiere una estructura mucho más compleja. El espacio plano o euclidiano es una situación extremadamente particular que no tiene ninguna razón para darse en la naturaleza. No es fácil definir *a priori* cuál debería ser la curvatura del universo. Pero es posible encontrar una guía: en relatividad general, la única escala «natural» de longitud es la escala de Planck: 10^{35} metros. Por tanto, sería razonable esperar una curvatura con un radio de ese orden de magnitud. Sin embargo, parece que nuestro universo es extremadamente plano hasta el horizonte cosmológico, es decir, ¡unos 10^{26} metros! La contradicción es inmensa.

Otra dificultad proviene del número de partículas en el universo. Para una zona del tamaño de la longitud de Planck que acaba de emerger del Big Bang, es posible calcular el número medio de partículas que es razonable esperar allí. Y el resultado es del orden de... ¡una sola partícula! Sin embargo, se puede estimar que el número total de partículas en nuestro universo es de al menos 10^{88}. La diferencia entre ambas cifras tampoco es pequeña en este caso. En un modelo simple y sin inflación, el universo debería estar vacío.

Finalmente, como señala Andrei Linde, uno de los artesanos importantes de esta problemática, está el problema de la sincronicidad. ¿Por qué todas las zonas del universo empezaron a hincharse simultáneamente? ¿Qué director de orquesta dio la señal de salida? ¿Quién marca el compás? ¿Por qué los instrumentos celestes suenan al unísono?

Una elegante solución: la inflación

Sorprendentemente, todas estas dificultades van a encontrar una solución particularmente sencilla a través de una única enmienda al paradigma cosmológico: la invención de la inflación. La inflación (propuesta inicialmente por Brout y Englert, luego por Starobinsky y desarrollada por Guth y Linde) es un aumento vertiginoso del tamaño del universo en sus primeros instantes. Aquí hay que ser muy claros y muy prudentes con el sentido del término «tamaño». Si el universo es infinito —lo cual es posible según los conocimientos actuales— no tiene mucho sentido decir que su tamaño aumenta, porque ya es infinito en todo momento. Y ni siquiera se está aquí hablando del universo observable, porque este, estrictamente hablando, no se hincha realmente durante la inflación. Lo que aumenta es el factor de escala, es decir, la distancia relativa entre dos puntos. Si el factor de escala del universo se multiplica por 10, eso significa que la distancia entre dos galaxias cualesquiera se ha decuplicado. Esto no prejuzga en absoluto el tamaño «total» del universo. A esto se refiere siempre la cosmología cuando habla de expansión o contracción: a un aumento o una disminución de las distancias entre los objetos situados en el universo, no estrictamente a una variación del «tamaño» del universo en sí.

La inflación es un fenómeno de una amplitud verdaderamente increíble. Incluso si el universo fuese inicialmente tan pequeño como la longitud de Planck, es decir, 10^{-35} metros, en una trillonésima de trillonésima de segundo adquiriría típicamente un tamaño que podría ser del orden de ¡$10^{100\,000\,000\,000}$ metros! Una cifra imposible de imaginar. «Infinitamente» grande en comparación con cualquier distancia medible o incluso pensable. La parte observable, nuestro volumen de Hubble, tiene un tamaño de unos 10^{26} metros solamente. Queda por tanto claro en este contexto que aunque el universo sea finito, es inmensamente más grande que la parte que nos es accesible. Es como si en la superficie de la Tierra solo pudiéramos tener acceso a un pequeño círculo de un milímetro de diámetro (e incluso mucho menos si quisiéramos mantener las proporciones): el territorio que quedaría fuera de nuestro alcance sería inmenso. Lugar del secreto o de la fantasía, no-lugar enigmático de lo maravilloso (en tanto que distinto de lo mágico y lo milagroso): es naturalmente hacia ese invisible hacia donde se volverán nuestras esperanzas y nuestros cálculos.

Este modelo resuelve de hecho todos los problemas mencionados anteriormente. Como el espacio se ha «inflado» de manera considerable, las zonas que parecían ser independientes unas de otras resulta que estuvieron en contacto causal, ¡pero antes de la inflación! Ya no es paradójico que sean tan similares: la inflación las vuelve a unir. En cuanto a los monopolos magnéticos que hubiera, con la inflación se diluyen tanto que es natural que no se observen. Por último, cualquier componente de curvatura inicial desaparece prácticamente por la misma razón. Imaginemos una pequeña bola de algunos centímetros de diámetro y supongamos que la parte visible (nuestro universo) es una porción de su superficie, digamos que de un centímetro.

En esas condiciones sería fácil «sentir» la curvatura: veríamos que no vivimos en un plano, sino en una esfera. Pero si ahora la inflación aumenta el radio de la bola inicial hasta miles de millones de kilómetros, la zona visible, que sigue teniendo un centímetro de diámetro, parece completamente plana. Ya no es en absoluto posible darse cuenta de que nuestra porción de superficie pertenece realmente a una esfera: la curvatura se ha diluido. Localmente, es decir, en nuestro volumen de Hubble, el espacio es euclidiano. Este efecto de «tamaño» es también la razón por la que es imposible darse cuenta de que la Tierra es redonda estando en un estanque de algunos cientos de metros cuadrados. A esa escala, es prácticamente plana.

El escenario de la inflación es manifiestamente seductor: sus capacidades curativas son excepcionales. La inflación es un remedio para las patologías del Big Bang. Es la terapia de elección. Pero ¿cuál es su fundamento? ¿Por qué extraña razón el universo se «infló» de esa manera? No basta que la inflación sea útil para que sea real. La prescripción no es performativa: no basta con desearla fervientemente. La causa hay que buscarla en la física de partículas elementales.

En julio de 2012, el Gran Colisionador de Hadrones (LHC) del CERN en Ginebra detectó el bosón de Higgs. Por primera vez en la historia se descubrió así un campo escalar fundamental, es decir, una magnitud física que permanece completamente invariante bajo cualquier cambio de sistema de referencia. Esto es exactamente lo que necesitan los cosmólogos para generar la inflación. El campo de Higgs, en sí mismo, no es un candidato natural para inducir *stricto sensu* el mecanismo inflacionario, pero abre una vía esencial: demuestra que tales objetos físicos existen efectivamente en la naturaleza y que no son simplemente producto de la fantasía de los teóricos. Eran esperados desde hacía tiempo, pero seguían siendo hipotéticos. ¿Qué son? Los campos escalares llenan el espacio. Son una especie de «potencialidades». Afectan a las propiedades de otras partículas, confiriéndoles por ejemplo una masa (es lo que ocurre en el caso del bosón de Higgs). Los campos escalares permiten también romper las simetrías. Por tanto, desempeñan un papel esencial en la comprensión de lo infinitamente pequeño. Y aunque no son fáciles de identificar ni de detectar, están en todas partes.

En el marco cosmológico, estos campos escalares van a desempeñar un papel muy específico. Si, como sugiere la física de lo infinitamente pequeño, fue un campo de esos el contenido dominante del universo en sus primeros instantes, resulta muy natural suponer que tuvo lugar una fase de inflación. Y esa fase ya no es algo que se añada *ad hoc*. Incluso se puede demostrar que la inflación es un «atractor» muy potente a nivel matemático: esto significa que casi todas las evoluciones posibles del campo conducen a la inflación. Y esto funciona incluso para los campos más simples, lo que llamamos «campos escalares masivos». Estos últimos tienen por lo demás una historia turbulenta: en un principio fueron muy utilizados, luego quedaron desacreditados por los primeros datos de Planck y después se vieron respaldados de nuevo por las medidas de BICEP2. Desde que se comprobó que estos últimos resultados eran erróneos, la situación es relativamente confusa. La historia de la ciencia es a menudo cíclica, siendo difícil predecir el futuro, incluso a corto plazo. Pero el modelo inflacionario en sí mismo no está en tela de juicio.

La inflación no solo es útil para la ciencia del universo sino que también está bien anclada en la física de partículas. Pero ¿ha sido verificada experimentalmente?

Predicciones de la inflación y confrontación con la experiencia

¿Está demostrada la inflación? Evidentemente no. Es imposible demostrarla, como ocurre con cualquier teoría física. Solo cabe corroborarla, confirmarla o, por supuesto, refutarla mediante observaciones. Demostrar una teoría requeriría no solo verificar todas sus predicciones con una precisión infinita, lo que obviamente es imposible, sino también demostrar que toda futura medida se ajustará a la teoría, lo que sin duda es aún más imposible. Así pues, ninguna teoría física ha sido demostrada y ninguna lo será jamás. Solamente es posible dar más o menos crédito (en función de nuestras creencias, nuestros principios y nuestras observaciones) a los modelos que aún no han sido invalidados. La física no tiene vocación de enunciar verdades absolutas o certezas eternas. Le es estructuralmente imposible aspirar a tales discursos, más propios de la teología que de la ciencia. La ciencia, por indefinible que sea, trata —al igual que la filosofía, la literatura y la poesía— con la duda, la incertidumbre, lo imprevisto y lo indeciso. Abre un *posible* sentido en la matriz del mundo.

El hecho es que la teoría de la inflación ha conducido a una serie de predicciones claras, hechas *antes* de efectuar las medidas correspondientes, lo cual es una garantía de fiabilidad (a menudo es posible modificar *a posteriori* una teoría para dar cuenta de una observación, lo cual tiene una fuerza probatoria mucho menor). La teoría de la inflación predice:

- que el universo debe tener una geometría casi exactamente euclidiana, es decir, desprovista de curvatura. Esto es algo que las tres generaciones de satélites dedicados a la radiación fósil —COBE, WMAP y Planck— han confirmado con una precisión cada vez mayor;
- que las pequeñas «perturbaciones» de la métrica (es decir, de la geometría) deben tener características muy específicas: adiabaticidad y gaussianidad (en los modelos más simples). Estas propiedades estadísticas complejas, que caracterizan la distribución de las medidas, pero cuyo significado preciso no tiene aquí una importancia esencial, han sido verificadas por la misión Planck de forma extremadamente convincente;
- que el espectro de potencia primordial, que refleja la amplitud de las fluctuaciones de densidad en cada escala espacial, debe ser casi plano, pero no del todo. De hecho, debe presentar una ligera pendiente hacia abajo, por lo que se dice que es «rojo». Esta pequeña desviación es una predicción muy fina y muy bella. Actualmente ha sido medida de forma prácticamente irrefutable;
- que los «grumos» visibles en la radiación fósil deben exhibir una estructura con un «pico» claramente dominante cuando se ordenan por tamaño decreciente. Este pico indica la presencia de una escala angular privilegiada correspondiente a las ondas acústicas propagadas en el universo primordial. Este pico también ha

sido observado por los tres experimentos dominantes, como lo han sido numerosos picos secundarios menos pronunciados que revelan información más fina y que también son predecibles en este contexto;

• que debe haber una producción de ondas gravitatorias primordiales, es decir, pequeñas fluctuaciones de la geometría provenientes de la primera milcuatrillonésima (10^{27}) de segundo. Esta es exactamente la señal que el experimento BICEP2 creyó haber registrado desde los hielos de la Antártida. Sin embargo, ahora se sabe, gracias a Planck, que una gran parte de esta medida se debe a las emisiones de primer plano y no a la auténtica señal cosmológica, y que la energía de la inflación es demasiado pequeña para permitir hacer esa medida en la actualidad.

Es razonable mantener cierta desconfianza hacia la inflación. Es una actitud saludable. Una postura prudente y razonable. Hay que dejar siempre abierta la posibilidad de una fisura del paradigma y tener presente que todas las revoluciones parecían imposibles —incluso eran impensables— antes de producirse. Pero más allá de esta precaución de principio hay que decir que la inflación es hoy un modelo bien fundamentado gracias a la física de partículas elementales y fuertemente apoyado por numerosas predicciones verificadas a posteriori.

Corroborar una teoría así no es tarea fácil. Cada uno de los experimentos que han contribuido a ello ha requerido un esfuerzo inmenso durante largos periodos de tiempo. Cada uno de ellos ha necesitado una amplia colaboración entre grupos y países diferentes. Entre culturas y métodos dispares. Como contrapunto a esas aventuras coronadas por el éxito, otros experimentos han tenido menos fortuna y no han dado lugar a avances espectaculares. Esperemos que la inflación del trabajo burocrático exigido a los investigadores —en este caso una inflación absolutamente cierta y demostrada— no acabe matando esa creatividad. Cuando la administración y la evaluación priman sobre la propia investigación, hay algo que no funciona. Acecha un peligro insidioso. El miedo latente y difuso a la libertad intelectual, el pavor a este divagar sin embargo necesario, infecta la maquinaria organizativa y genera esa grotesca deriva. Es necesaria una resistencia eficaz para que el pensamiento, en todo su inagotable poder de subversión y sublimación, vuelva a ocupar el centro de la cuestión.

La inflación eterna y su multiverso

Pero la inflación no se contenta con resolver algunas de las paradojas de la cosmología. Dibuja también un nuevo rostro del «metamundo»: un multiverso eterno en autorreproducción.

La inflación la crea un campo escalar. Este campo es el «material» extraño y sin embargo físicamente bien estudiado que tiene la característica esencial de prácticamente no diluirse con la expansión que genera. Por tanto, puede seguir siendo el contenido dominante a lo largo de toda la vertiginosa inflación inducida por él. Como este campo se rige por la mecánica cuántica, fluctúa sin cesar. Esta es una de las leyes fundamentales del mundo cuántico: en él no está permitido ningún reposo. Estas fluctuaciones son como pequeñas ondas que se desplazan en todas las direcciones y se fijan unas sobre otras (como las ondículas en un tsunami) cuando se hacen demasiado grandes para seguir oscilando. Por tanto, van a empujar el campo «hacia arriba» en algunas zonas y «hacia abajo» en otras. A veces se apilan unas sobre otras para mantener el campo en un valor alto a pesar de su propensión natural a minimizar su valor y a descender por tanto a lo largo de su potencial, como una canica rodando por una pendiente. Intuitivamente, el campo es como una bola que tiende a rodar colina abajo desde donde se la suelta y a terminar en el valle que hay abajo. El potencial es la forma de ese relieve. La situación concreta en la que las ondículas contrarrestan completamente la caída o sitúan el campo muy alto en su «potencial» es *a priori* rara. Pero cuando se produce, ¡el espacio empieza a hincharse exponencialmente! Y ello más intensamente cuando el campo alcanza valores importantes. Estas escasas zonas en las que las fluctuaciones han llevado el campo muy arriba verán por tanto rápidamente cómo su tamaño se hace exponencialmente mayor que el de las demás regiones. Aunque inicialmente serían excepcionalmente improbables, dominan rápidamente el paisaje en su conjunto. Para ser más precisos, la expansión inflacionaria crea una especie de fricción o de viscosidad que impide que el campo descienda o que ruede, un efecto inherente a la dinámica y completamente clásico.

Esto significa, en pocas palabras, que en cuanto el universo contiene una zona que se infla, esta va a producir automáticamente nuevas zonas inflacionarias. El tamaño global de las partes sometidas a inflación no deja por tanto nunca de aumentar. Desmesuradamente. A partir de cada burbuja en inflación puede producirse la nucleación de una nueva burbuja. La arquitectura global es arborescente. Naturalmente, algunas zonas, como aquella en la que nos encontramos actualmente, han salido de la inflación. Lo cual es sin duda una suerte, porque la fase inflacionaria de producción paroxística de espacio tiene poco interés: durante esta fase no emerge ninguna complejidad. En cierto sentido, nuestro universo «comenzó» al final de la inflación. Pero globalmente, a la escala del árbol-mundo, la inflación no cesa jamás.

El resultado sería, como ha propuesto Andrei Linde, una especie de estructura cósmica fractal. A gran escala, este multiverso sería eterno, inmortal y, desde cierto punto de vista, estático. Cada burbuja tendría en principio un destino diferente. Con el tiempo, algunas podrían incluso llegar al final de su existencia o interrumpirla en una catastrófica singularidad. Pero el proceso global seguiría siendo ilimitado. Protegido contra toda interrupción, a salvo de cualquier suspensión. Inalterable. El «Big Bang» visto por cada una de las burbujas en el momento de su nacimiento, incluida por supuesto la nuestra, no sería entonces más que un epifenómeno local y no el principio del gran todo. Sería un microevento a escala del multiverso. La cantidad de burbujas-hojas de nuestro árbol multiversal crecería así exponencialmente.

Estos mundos en forma de bolas están conectados unos con otros. Algunos pueden morir sin descendencia. Otros pueden generar numerosos universos. El Yggdrasil del multiverso en autorreproducción presenta ramificaciones complejas. Finalmente funciona más en el modo deleuziano del rizoma (una red sin jerarquía) que en el de la verticalidad organizada de raíces, tronco y ramas.

En este marco, el cosmos, en lugar de concebirlo como una única «bola de fuego» que se enfría y expande a partir del Big Bang inicial, estaría formado por múltiples «bolas de fuego» que crean nuevas «bolas de fuego» *ad infinitum*. En este sentido, los pioneros de este enfoque pueden efectivamente afirmar que la inflación ya no es un fenómeno específico en el marco de la teoría del Big Bang, sino que el Big Bang es más bien, en sí mismo, un suceso entre otros del modelo inflacionario.

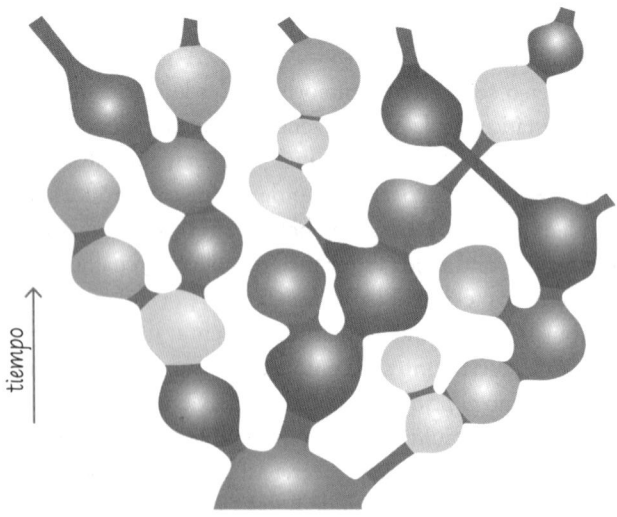

Figura 6.1. Arborescencia de la inflación eterna (según Linde).

Una vez más, no hay ninguna incompatibilidad estructural entre este multiverso y los anteriores. Cada burbuja puede estar poblada de agujeros negros y agujeros de gusano. Y la mecánica cuántica, en la interpretación de Everett, puede unirse a la partida. Incluso interviene en la descripción del campo que justamente induce la inflación. La imagen se vuelve entonces vertiginosa, con hojas paralelas que contienen cada una diferentes arborescencias inflacionarias. Pero, como veremos en el próximo capítulo, el multiverso de la inflación puede enriquecerse mucho más aún cuando es contemplado en el marco de la teoría de cuerdas...

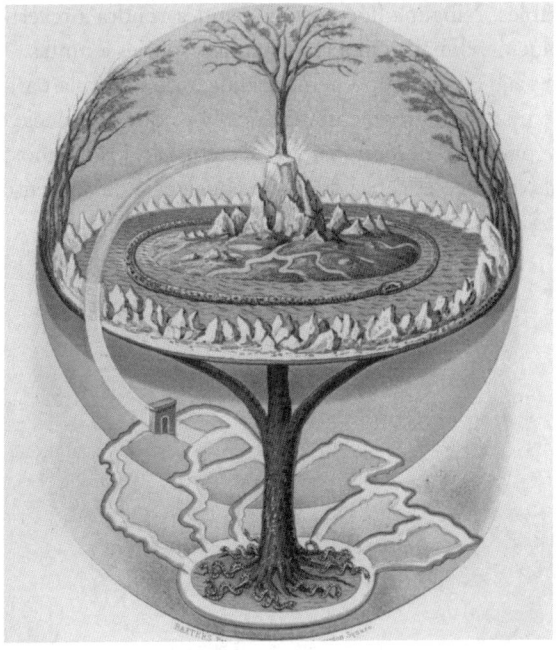

Figura 6.2. Yggdrasil, el árbol mundo de la mitología nórdica.

Sin duda hay que aprovechar aquí la ocasión para recordar una vez más que la Tierra no es el universo en inflación: su tamaño es fijo y sus recursos no pueden crecer indefinidamente. El aumento exponencial de las «extracciones», por no decir saqueos, que practicamos en ella no es físicamente posible que dure eternamente. La inflación es una «máquina de crear espacio». Pero a escala del planeta no puede existir nada parecido. En esta isla del universo milagrosamente hospitalaria y, como casi todas las cosas hermosas, eminentemente frágil se han perpetrado ya daños irreparables. Ninguna fluctuación cuántica vendrá a revertir la evolución climática ni a resucitar las especies extintas. Ningún viaje en el tiempo permitirá jugar de nuevo la partida. Hay una cosa atrozmente patética, y es que la especie que hoy pretende desentrañar los secretos de los arcanos del multiverso no es capaz de tomar conciencia del inmenso saqueo que organiza.

7. El paisaje de las cuerdas

Microcosmos

La física de partículas elementales es uno de los grandes logros de la ciencia del siglo XX. El «modelo estándar» de lo infinitamente pequeño es una construcción tremendamente eficaz: todo cuanto sabemos sobre la materia se explica mediante la disposición de unos cuantos bloques fundamentales. Construido en los años setenta sobre avances que se remontan a los años treinta, nos permite comprender la estructura íntima de los objetos a partir de dos grandes grupos de corpúsculos: los cuarks (o quarks) y los leptones.

Cada uno de estos dos grupos comprende seis partículas agrupadas en tres generaciones, cada una de ellas formada por dos miembros. Todo lo que es estable a nuestro alrededor está formado únicamente a partir de la primera generación, la más ligera: las partículas masivas se desintegran rápidamente, son fugaces. La primera generación de cuarks está formada por los cuarks «arriba» *(up)* y «abajo» *(down)*, la segunda por los cuarks «encanto» *(charm)* y «extraño» *(strange)*, y la tercera por los cuarks «cima» *(top)* y «fondo» *(bottom)* (estos dos últimos se llamaron también en algún momento «verdad»/«belleza», *truth/beauty)*. Cada uno de estos cuarks existe en tres colores diferentes y se combinan de tal manera que forman siempre objetos incoloros. Los leptones también están organizados en tres familias: el electrón, el muón y el tau, con sus respectivos neutrinos. La estructura es simple y estable. De una coherencia imponente.

Paralelamente a la materia, el modelo estándar también describe las fuerzas fundamentales, que son cuatro: el electromagnetismo, la interacción nuclear débil, la interacción nuclear fuerte y la gravedad. Las tres primeras se explican perfectamente en términos de propagación de mediadores llamados «bosones». Las partículas de materia transfieren entre sí cantidades discretas de energía intercambiando bosones.

Recientemente, el gran acelerador de partículas del CERN, el LHC, confirmó la existencia de una última entidad fundamental: el bosón de Higgs. Este permite explicar por qué los bosones mediadores de la interacción nuclear tienen masa, mientras que el de la interacción electromagnética no. El campo de Higgs desempeña un papel esencial en la ruptura de simetría que «escinde» la interacción electrodébil a bajas energías. Contrariamente a lo que se ha escrito, no es ni la «partícula de Dios» ni «la clave del Big Bang». Es solo uno de los elementos, entre otros, de nuestro modelo estándar. Un estilete colocado de punta cae y rompe la simetría de revolución inicial. Pero esto ocurre porque existe un campo que lo permite: el campo gravitatorio. El bosón de Higgs es, hasta cierto punto, el equivalente de esto para el caso de las interacciones electrodébiles.

La teoría de cuerdas es una extensión radical del modelo estándar. Intenta incluir la gravedad en el marco de las fuerzas descritas en términos cuánticos. Pero es aún más ambiciosa: pretende subsumir todas las partículas y todas las fuerzas bajo un único «concepto», el de cuerdas vibrantes fundamentales. Así, reinterpreta las entidades supuestamente fundamentales como otras tantas vibraciones diferentes de una misma clase de cuerdas cuánticas. Por ejemplo, un electrón, observado «de lejos», parece casi puntual, pero nada impide pensar que, en realidad, consiste en una cuerda oscilante invisible a las escalas de distancia conocidas hoy.

La teoría de cuerdas

- En los años 1968-1973 se inventa la teoría de cuerdas en un intento de describir las interacciones fuertes. Son los modelos llamados de «resonancias duales».
- Entre 1974 y 1983 se desarrolla la teoría de «supercuerdas». La comunidad comprende que la gravedad aparece de forma natural.
- Entre 1984 y 1989 queda claro que la teoría de cuerdas podría describir todas las partículas y sus interacciones.
- Entre 1994 y 1999, bajo el impulso de Edward Witten en Princeton, se perfila una nueva revolución asociada con la «teoría M», una extensión de la teoría de cuerdas.
- Entre 2000 y la actualidad se desvela el paisaje de leyes asociado a la teoría de cuerdas.

Esta teoría posee una innegable elegancia matemática. En particular porque permite deshacerse de algunas de las patologías recurrentes de las teorías cuánticas de campos, patologías conocidas como «anomalías». Sus objetivos son impresionantes y, si se lograran, constituirían sin duda un hito muy destacado en la historia de la física. Contrariamente a lo que a veces se afirma, no sería desde luego el punto final, porque quedaría por comprender de dónde emerge la teoría, y después de dónde emerge la teoría que predice su emergencia... y así sucesivamente, seguramente sin fin. El fundamento es probablemente inalcanzable por inexistente. Y también habría que tener en cuenta que una gran parte de la realidad permanecerá siempre fuera del alcance de la física. Pero no cabe duda de que sería una especie de punto culminante de esta historia.

¿Está la teoría de cuerdas corroborada por la experiencia? Aquí es donde radica, evidentemente, la dificultad principal. En el mejor de los casos, hay que decir que no cuenta con ningún respaldo observacional. Y en el peor de los casos es razonable temer que todas sus predicciones claras hayan sido ya invalidadas. Por ejemplo: el espacio debería tener nueve dimensiones, la constante cosmológica debería ser negativa, la supersimetría debería estar presente, la radiación fósil debería presentar importantes «no gaussianidades» (es decir, propiedades estadísticas inusuales). Todas estas predicciones, sin importar aquí su significado preciso, están contradichas por la experiencia. Por lo tanto, es injusto afirmar que la teoría de cuerdas no predice nada que sea contrastable. Pero, claro, las cosas no son tan simples... Cada una de estas afirmaciones corresponde a una cierta interpretación de la teoría y de las medidas. Cada una de ellas puede ser superada o corregida en ciertas circunstancias. Ninguna de ellas es verdaderamente decisiva en su acepción elemental. Sin duda existen escapatorias, que a veces se convierten en fundamentos de la teoría.

Más allá del desafío científico, la situación es también interesante desde el punto de vista histórico y sociológico: a pesar de estas dificultades y de su incapacidad para producir durante sus cincuenta años de existencia predicciones verificadas, la teoría de cuerdas sigue siendo una línea de investigación extremadamente estudiada y continúa atrayendo a una gran parte de los físicos teóricos más brillantes. Su elegancia interna convence. A veces fascina, y siempre asombra. La magnificencia teórica desempeña aquí un papel esencial. La historia dirá si, en contra de la evidencia experimental, los físicos se dejaron cegar por un modelo estéril, o si, por el contrario, guiados por una especie de indefectible fe matemática, encontraron heroicamente la vía correcta a pesar de las dificultades encontradas en el camino.

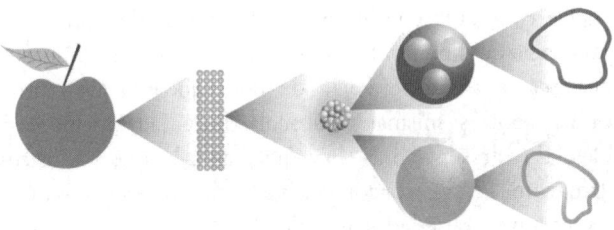

Figura 7.1. Las cuerdas cuánticas constituirían una subestructura de las partículas conocidas.

Paisaje

La predicción más radical de la teoría de cuerdas es evidentemente la del número de dimensiones del espacio. Este número debería ser, de acuerdo con la teoría, de nueve, o incluso de diez en el marco de la teoría M, que prolonga y generaliza la teoría de cuerdas. La situación es singular: ningún otro modelo físico predice el número de dimensiones; todos ellos suponen *a priori* que hay tres, que es lo que experimentamos a diario. Esta predicción de las cuerdas es por tanto excepcional. Pero no es igual al valor comúnmente aceptado y habitualmente experimentado. ¿Cómo hacer viable entonces una teoría que predice un número de dimensiones que está en desacuerdo con nuestras observaciones?

Hay un divertido acertijo que a veces se les plantea a los niños: cómo construir cuatro triángulos equiláteros con seis cerillas. En general no encuentran la respuesta. Porque no la hay. No la hay en el plano... pero sí en el espacio: el tetraedro, la pirámide. Hay que «inventar» una dimensión más que lo que el razonamiento elemental sugiere. Esto es un poco lo que ocurre en la teoría de cuerdas: el edificio se vuelve coherente con la condición expresa de suponer la existencia de dimensiones adicionales. Pero estas dimensiones escapan a la experiencia, de modo que hay que «enroscarlas» sobre sí mismas para ocultarlas y hacerlas inaccesibles. En otras palabras, hay que hacer lo que los físicos llaman una «compactación». Los espacios matemáticos resultantes son las variedades de Calabi-Yau, que llevan el nombre de sus descubridores. Existe un gran número de ellas. Sus topologías pueden ser extremadamente variadas y cada una de ellas conduce a leyes físicas diferentes. Los parámetros que determinan la forma de estos espacios se denominan «módulos». Y son campos escalares..., el mismo tipo de campos que podían desempeñar un papel esencial en la inflación. Además hay varios cientos de ellos. El resultado es un increíble paisaje de leyes que desempeña un papel crucial en este multiverso particularmente copioso.

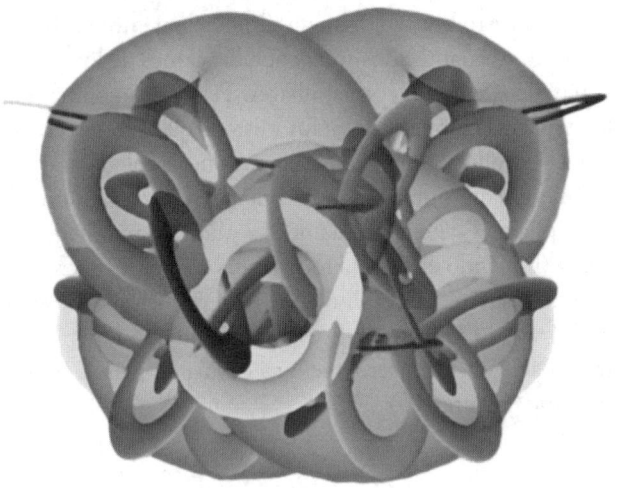

Figura 7.2. Una variedad de Calabi-Yau. Se trata de una estructura matemática esencial en la teoría de cuerdas porque preserva algunas de sus simetrías esenciales (la supersimetría) durante el proceso de compactación que permite pasar de las 10 dimensiones originales a las 4 dimensiones habituales.

La teoría de cuerdas se construyó con la idea de convertirse en la teoría única y definitiva. La aparente diversidad de nuestro mundo debía reducirse o agotarse en ella. Al menos destruirse o condensarse en ella. La teoría de cuerdas debía reunir todas las posibilidades bajo un único concepto maestro. Debía unificar como nunca antes había sido posible. Reducir y restringir. Y sin embargo es todo lo contrario, ¡se convierte de hecho en el marco de una multiplicidad sin precedentes!

Para comprender bien la tremenda riqueza y complejidad del *paisaje* de la teoría de cuerdas, o de su genitora, la teoría M, que *sensu stricto* sería más bien una teoría de membranas (o branas), falta un último elemento: los flujos. Estos flujos cuantizados son generalizaciones de los efectos magnéticos que nos son familiares. Pero en el contexto de los espacios compactados —los mismos que son generados por el enrollamiento de las dimensiones suplementarias— adquieren un significado totalmente nuevo, llevando la multiplicidad de configuraciones a valores aún mucho mayores. Teniendo en cuenta todos estos efectos, cabe estimar que su número, y por tanto el de las leyes físicas asociadas, es de unos 10^{500}. Se trata de una magnitud que supera nuestra capacidad de representación y dibuja un paisaje inmensamente enmarañado.

Macrocosmos

Es aquí donde el nexo con la inflación, y con el multiverso, no solo es posible sino incluso indispensable.

El conjunto de los módulos de la teoría de cuerdas forma una especie de topología del territorio. Intuitivamente es como si a la altitud del terreno, desde las montañas hasta las más diminutas toperas, correspondiera un determinado valor de la energía asociada a esas diferentes posiciones. A cada lugar le correspondería un valor de la energía. Naturalmente, el estado de menor energía es el más estable, ¡pero no es necesariamente fácil de alcanzar! Imaginemos una pequeña canica lanzada desde un avión sobre el desierto del Sáhara. ¿Acabará deteniéndose al pie de la duna menos elevada de todo el paisaje, correspondiente a la energía más baja? Es altamente improbable. Se detendrá más bien en un mínimo *local*. Desde luego un mínimo, porque sin duda preferirá permanecer, no en la cima de una de esas gráciles ondulaciones de arena, sino en uno de los valles u hondonadas que las separan. Pero en general no será el punto más bajo de todo el desierto. Sin embargo, el valor de la energía influye en la dinámica de la zona del espacio asociada: el vínculo entre la evolución cosmológica y la configuración microscópica es muy fuerte. Esta última va a determinar no solo la forma y la naturaleza de la física vigente localmente, sino también el devenir de la «burbuja» en cuestión.

En el marco de la teoría de cuerdas, solo ciertas configuraciones muy particulares, llamadas «supersimétricas», conducen a una situación en la que el espacio no crece y deja de reproducirse. Son los *impasses* del multiverso, los lugares de altitud verdaderamente nula en la imagen precedente. En la inmensa mayoría de los casos, cuando se tiene en cuenta la agitación cuántica que hace que todas las barreras sean potencialmente franqueables, se establece un proceso de nucleación desmesurado. La teoría de cuerdas genera una diversidad tremenda en la arborescencia inflacionaria. En algunos casos puede variar incluso el número de dimensiones del espacio y del tiempo. Así pues, la inflación produce las burbujas de espacio, mientras que la teoría de cuerdas conforma sus posibles contenidos.

Aquí «contenido» hay que entenderlo en un sentido extremadamente amplio, ya que las leyes efectivas cambian igualmente. La idea misma de partículas elementales se torna variable. De una zona a otra del multiverso se hace necesario redefinir el concepto de elementalidad y los criterios de selección de las leyes consideradas fundamentales. Se trataría de una gran deconstrucción de algunas de nuestras certidumbres y de la definición misma de lo que constituye una necesidad científica.

Una imagen similar puede incluso emerger independientemente de la teoría de cuerdas desde el momento en que existen muchos campos escalares. El multiverso arborescente aparece entonces casi inevitablemente como estructurado en dominios exponencialmente grandes y con leyes físicas diferentes a las bajas energías usuales. Y a causa de los efectos cuánticos, esto tiene que ocurrir aun en el caso de que todo el universo-multiverso estuviera inicialmente en un único estado bien determinado.

Es indispensable comprender bien la radicalidad de esta propuesta. Desde el momento en que los fenómenos y procesos varían de una región a otra del multiverso, emerge inevitablemente una gran disparidad de circunstancias. Los diferentes universos pueden presentar rostros extremadamente desemejantes. Deben existir, por ejemplo, universos vacíos, otros extraordinariamente densos, algunos sin luz, otros llenos de materia exótica. Algunos tristes y uniformes, otros cebrados de abigarramientos embriagadores. Pero la diversidad de la que se trata aquí, la de la teoría de cuerdas combinada con la inflación, es de un orden completamente distinto: las propias leyes, es decir, los reguladores, pueden diferir. Las posibilidades y eventualidades consiguientes superan todo cuanto la imaginación más desenfrenada puede concebir. En otros lugares, la gravedad es repulsiva, el espacio tiene siete dimensiones, las «fuerzas fundamentales» son seis... Nadie puede dibujar la arquitectura insondable de este metamundo. Es a la vez su fuerza y su debilidad.

¿Una violencia?

Este marco de pensamiento es innegablemente muy especulativo. La inflación es en la actualidad una propuesta fiable que cuenta con apoyo suficiente para ser considerada como razonablemente creíble. No ocurre lo mismo con la teoría de cuerdas. Su estatus continúa siendo extremadamente incierto, y se sigue estando a la espera de corroboraciones experimentales. Pero la conjunción de estos dos modelos conduce a una osamenta de mundos tan excepcional que merece ser explorada.

Esta propuesta hace incontestablemente violencia a la acepción habitual y tradicional de lo que constituye el corazón de la física. Estas burbujas de mundos estructuradas por leyes diferentes constituirían una revolución abismal. Pero ¿no es la función misma de la investigación, en particular, y del pensamiento, en general, la de violentar el orden establecido? A expensas, por supuesto, de tomar a veces caminos equivocados y tener que dar marcha atrás... En nuestro aséptico mundo, la condena incondicional de la violencia parece algo completamente natural. Pero ¿dónde está la violencia? Es una pregunta que se elude con demasiada frecuencia.

¿Está la violencia en el intento de reelaborar el mundo o en la prohibición reaccionaria? ¿Está en los desbordamientos que acompañan a un piquete de huelga o en el *diktat* de rentabilidad impuesto por los fondos de pensiones detentadores? ¿Está del lado del militante de la causa animal, a menudo virulento en su exhibición de los hechos, o del lado del buen creyente que devora el cordero exterminado lejos de su mirada en las peores condiciones? ¿La violencia está en el verbo encendido de quien denuncia o en la condescendencia educada y preciosa de quien se niega a considerar una posibilidad que le sería menos favorable? ¿Está en el hecho de violar la ley al cruzar una frontera prohibida o en la existencia misma de esa ley que erradica las porosidades y condena a algunos a la miseria mientras otros disfrutan de la opulencia? La violencia ¿es el hecho del activista ecologista o el del respetable conductor de un vehículo todoterreno? ¿Está en las enérgicas manifestaciones de los oprimidos o en la sordera cortés de los líderes y privilegiados? ¿Está en la resistencia sindical o en los despidos impuestos por accionistas invisibles y omnipotentes?

Quizás la única verdadera violencia, o al menos la más insidiosa y destructiva, a nivel lógico y ético, a nivel práctico y estético, sea aquella que consiste en considerar como dado lo que es construido, es decir, considerar necesario lo que es contingente. Si el multiverso es una violencia, es una violencia de liberación y exaltación. Casi de júbilo. Quizás será necesario volver a una postura más tímida y más «razonable». Pero ese camino debe ser contemplado.

8. ¿Sigue siendo eso ciencia?

> Hasta cierto punto sería apropiada la palabra antinomia, ya que se trataba, en el orden de la ley (*nomos*), de contradicciones o de antagonismos entre leyes igual de imperativas.
>
> JACQUES DERRIDA, *Aporías*

Hacer predicciones en el multiverso

Estos múltiples universos, cualesquiera que sean, cualesquiera que puedan ser sus elegancias o sus inevidencias, su esplendor o su horror, son absolutamente inaccesibles. Es imposible ir a ellos por una sencilla razón: si el viaje fuera posible, aunque solo fuese en principio, ¡formarían parte de nuestro propio universo! *Por definición*, es imposible ver otro universo y más aún explorarlo. Ni colonialismo ni riesgo de invasión entre universos. Pero entonces, ¿sigue siendo científico disertar sobre esos universos? ¿Podemos debatir seriamente sobre aquello que no podemos observar? ¿Es siquiera una cuestión digna de interés o provista de legitimidad?

Naturalmente, la cuestión de la «cientificidad» de un enfoque requiere una definición de lo que es la ciencia. Y es fácil convencerse de que no es posible dar una definición sencilla. Ni siquiera es deseable. La ciencia está infinitamente ramificada e hibridada por sus múltiples modos de ser y sus fricciones con las otras posturas creadoras u observadoras. La ciencia es una práctica dinámica y siempre en desequilibrio respecto a sus propios principios. Supongamos sin embargo que el método científico se define de la manera sugerida por el criterio de refutabilidad o falsabilidad del filósofo Karl Popper. Según él, un planteamiento es científico si es posible refutarlo, si es posible mostrar que es falso. De hecho, es imposible probar que las leyes de la física cuántica, o de cualquier otro modelo, son correctas, ya que nada impide temer que otros fenómenos aún no observados no las cumplan. Por otro lado, encontrar un solo experimento que las refuta es suficiente para hacer colapsar todo el edificio. La teoría cuántica es por tanto claramente refutable. Es claramente una proposición de naturaleza científica en el sentido de Popper. En realidad sería fácil demostrar que este criterio es demasiado rígido y caricaturesco para comprender la complejidad del enfoque científico. Pero, en una primera aproximación, considerémoslo como pertinente e intentemos entender si, sí o no, el multiverso es científico en este sentido específico.

La respuesta es, en mi opinión, afirmativa. Por una razón muy sencilla: el multiverso no es en sí mismo un modelo. Es, por el contrario, una de las consecuencias de ciertos modelos. En este caso, los modelos son la relatividad general, la física cuántica, la teoría de cuerdas... Estas teorías sí pueden someterse a la prueba de la experiencia en nuestro universo. Pueden ser contrastadas y potencialmente refutadas por observaciones realizadas aquí y ahora. Si estos experimentos locales, realizados de la forma más habitual, invalidaran un modelo, todas las consecuencias de este último, incluido el eventual lote de múltiples universos, se vendrían abajo con él. Por el contrario, si el experimento confirmara lo suficiente el modelo como para que fuera fiable y se utilizara corrientemente, sería incoherente denegarle la consecuencia «múltiples universos» si esta se desprende naturalmente de él.

El multiverso es por lo tanto una consecuencia, entre muchas otras, de ciertas teorías. No es, en sí mismo, una teoría. Ese es el punto clave. Pero esas teorías de las que se deriva son en principio falsables. Por lo tanto, son científicas. El multiverso, como predicción de estas construcciones científicas, forma parte de un marco científico en el sentido más habitual del término. No es una hipótesis delirante ni un deseo infundado. No es la expresión de una aspiración reprimida. Emerge lógica y rigurosamente a partir de proposiciones físicas completamente usuales y conformes con las normas. Cierto que esta predicción particular, la existencia de otros universos, no es verificable. ¡Pero nunca ha sido necesario verificar todas las predicciones de una teoría para que esta sea científica! Diríamos que afortunadamente, porque de lo contrario ninguna lo sería. Por ejemplo, la relatividad general, arquetipo de modelo científico logrado, predice la estructura interna de los agujeros negros. Es imposible verificarla. Y sin embargo se publican todos los días sobre este tema artículos científicos serios y que no provocan ninguna resistencia particular. La descripción del núcleo de los agujeros negros es un problema científico cuya relevancia nadie cuestiona. Una vez que una teoría es aceptada, aunque sea provisionalmente, es razonable, e incluso muy fructífero, utilizarla allí donde no tenemos observaciones. A menudo es incluso allí donde es más útil. Desde este punto de vista, el multiverso, consecuencia de ciertas teorías contrastables, no presenta ninguna especificidad notable dentro del laberinto de los enunciados científicos. Es revolucionario por lo que es, pero no por aquello en lo que se basa. Es subversivo en el enunciado, pero no en la gramática. Quizás extraño en la sintaxis, pero no en la semántica.

El principio antrópico

Pero es posible ir más lejos. En efecto, nada impide hacer predicciones en un paradigma «multiversal». Imaginemos que un modelo predice la existencia de un millón de universos y que, según este enfoque, en todos estos universos los átomos tienen una masa de 12 kg cada uno. Con solo observar nuestro universo, en el que claramente no es ese el caso, toda la construcción queda invalidada (y por tanto, en particular, la existencia de esos otros mundos invisibles, que era una de sus consecuencias). Nuestro universo no es más que una muestra de este conjunto. Pero una sola muestra ya contiene información y permite contrastar la hipótesis predicha por el conjunto.

Para contrastar el modelo estándar de la física de partículas con un alto grado de precisión hubo que realizar un número incalculable de colisiones en aceleradores de partículas como el LHC del CERN. Fue al precio de esta gigantesca profusión estadística como se descubrió por ejemplo el bosón de Higgs. ¿Habríamos podido decir lo mismo a partir de una *única* colisión, por analogía con el *único* universo del multiverso que observamos? Evidentemente, no. Una única muestra contiene menos información que un gran conjunto de muestras, de eso no cabe duda. Pero tampoco contiene *cero* información. Solo contiene menos información. Muchas teorías descabelladas sobre la física de partículas elementales podrían descartarse sobre la base de una sola colisión. Hay un salto cuantitativo entre observar miles de millones de colisiones y observar una única colisión. Pero no hay ninguna ruptura cualitativa ni epistemológica en la naturaleza del enfoque. De la misma manera, observar un único universo para un modelo que predice un gran número o incluso una infinidad de ellos conduce necesariamente a una visión incompleta. Pero toda visión lo es necesariamente. Por lo tanto hay un déficit de información pero no de especificidad radical en comparación con cualquier situación común en la ciencia: solo es accesible una parte irrisoria del conjunto de predicciones.

La capacidad de contrastación no termina con estos ejemplos caricaturescos. Imaginemos que pudiéramos conocer y comprender bien la arquitectura del paisaje de leyes, por ejemplo en el marco de la teoría de cuerdas. Hoy estamos lejos de ello, pero en principio no es imposible. En ese caso sería posible contrastar «estadísticamente» el modelo. Si resultara que en el 99,99% de los universos no hay planetas, la simple observación de planetas en nuestro universo, que *a priori* es un universo promedio o estándar en el conjunto de los universos, ¡hablaría fuertemente en contra del modelo! Es exactamente igual que si una teoría afirmara que en una baraja de 10 000 cartas solo hay un as, y que al sacar una carta al azar encontráramos justamente un as. Lo más probable es que la teoría fuese falsa y que en realidad la baraja contuviese muchos más ases que lo que se afirma... Por tanto, es posible poner a prueba el modelo en términos probabilísticos. Lo cual tampoco es nada nuevo: cualquier medida física, incluso la más simple y fuera del contexto de la cosmología, solo se puede comparar con un modelo si se tienen en cuenta las fluctuaciones estadísticas (cuánticas o clásicas) que exigen que la confirmación o la infirmación se exprese en la forma de una probabilidad.

Pero hay una pequeña complicación. Podría ser que nuestro universo no fuese un universo «promedio» en la arquitectura del multiverso, sino que fuese bastante específico. Es exactamente eso lo que intenta tener en cuenta el principio antrópico. Hay que ser extremadamente claros a este respecto, porque este principio (que de hecho no lo es, sino que es más bien una advertencia) ha sido malinterpretado por muchos físicos que reaccionan de manera epidérmica ante su nombre (efectivamente mal elegido). Al recurrir al principio antrópico no se trata en ningún momento de justificar lo que sea a partir de la existencia del ser humano, de la vida o de Dios, como algunos han creído. Menos aún de pecar de arrogancia o de volver a los antiguos demonios del geo-ego-antropocentrismo precopernicano. Todo lo contrario; se trata de seguir por el camino de una prudente humildad. En el momento preciso en que el lector lee este libro, su entorno directo es quizás una biblioteca, un vagón de tren o el fondo de un aula universitaria (donde un profesor gruñón imparte un curso algo tedioso y le incita a este pequeño viaje por el multiverso). En cualquier caso, está claro que este entorno, incluso si es más exótico que estos pocos ejemplos, no es en absoluto el estado «promedio» del universo. El lector está, todos estamos, en un entorno muy particular: en un planeta telúrico, a una temperatura cercana a los 20 grados Celsius, en una atmósfera de nitrógeno y oxígeno, a una presión de 1 atmósfera, etc. Lo cual no tiene nada que ver con el «estado» más común en nuestro universo, que estaría más bien compuesto por un vacío gélido con algunos protones por metro cúbico. Análogamente, es posible que nuestro universo no se corresponda con el promedio del multiverso. Esto es lo que subraya el «principio antrópico». En ningún caso es una explicación, no pretende justificar nada, es solo una llamada al rigor operativo. Simplemente advierte: «Cuidado, no está garantizado que lo que vemos a nuestro alrededor sea necesariamente representativo del conjunto global». Y este recordatorio elemental resulta ser esencial en las predicciones.

Los seres vivos son estructuras complejas. Como tales, solo pueden darse en universos que favorezcan la complejidad. El principio antrópico invita solamente a tenerlo en cuenta a la hora de contrastar el modelo. Desde luego no estipula que haya algo que ha evolucionado de manera finalista para permitir la existencia de estas estructuras complejas. Retomando el ejemplo anterior, si eligiéramos un universo al azar, sería asombroso que saliera el único que contiene planetas. Pero si nos hacemos la misma pregunta desde el interior de un universo, en tanto que animales que habitan en un planeta, cometemos necesariamente un *sesgo de selección*: solo podemos observar desde ese planeta. Nuestro universo ya no es aleatorio en la distribución. No porque sea «elegido», por supuesto, sino simplemente porque el hecho de ser un objeto complejo basado en gran medida en la química del carbono selecciona un subconjunto de universos compatibles con esta complejidad. Es indispensable no perderlo de vista, aunque ese tipo de precaución hay que tenerlo también en cuenta a la hora de evaluar modelos fuera del contexto de los multiversos, porque no está específicamente ligado a este marco particular de investigación.

El principio antrópico

En el marco de la cosmología, el principio antrópico fue propuesto por el gran físico Brandon Carter, que trabajó durante muchos años en el observatorio de Meudon. Carter lo considera como una forma de tener en cuenta el hecho de que cuando se extraen conclusiones generales a partir de una muestra particular, hay que tener en cuenta que esta pueda estar sesgada. El principio antrópico es una posición intermedia entre dos extremos: por un lado el principio egocéntrico y por otro el principio de ubicuidad. El primero, adscrito a la visión precopernicana, afirma que la Tierra está en el centro del universo y que nosotros ocupamos una posición extremadamente privilegiada (en cuyo caso no se puede decir nada sobre lo que no podemos ver). La segunda, por el contrario, supone que todos los puntos del universo son exactamente idénticos (en cuyo caso conocer el mundo aquí es suficiente para conocer todo). El principio antrópico pretende describir de manera más adecuada la realidad, que sin duda se encuentra entre estas dos posiciones radicales.

Algunos fundamentalistas religiosos, especialmente en los Estados Unidos, niegan la magnífica y muy fiable teoría de la evolución darwiniana para otorgar al ser humano, en un gesto de violencia inaudita y patética arrogancia, el rango de una finalidad divina. Estos mismos también han inventado el concepto de diseño inteligente, a saber, la idea de que el universo fue enteramente creado para el ser humano. Esta postura se equipara a veces al principio antrópico. ¡En realidad es exactamente lo opuesto! El principio antrópico es una llamada al rigor científico, que señala que lo que nos rodea no es necesariamente parecido a todo lo que existe. Invita a pensar la alteridad y lo invisible. No tiene *absolutamente nada* de teológico ni de teleológico.

Así, ponderando las diferentes potencialidades del paisaje con un «peso» antrópico que tenga en cuenta la posibilidad de que existan conciencias interrogándose sobre el multiverso en el punto considerado, es posible *a priori* contrastar el modelo —estadísticamente, como siempre en la física— a partir de la observación de nuestro propio universo. Todos los elementos teóricamente necesarios están ahí. Lo que ocurre es que, desde un punto de vista práctico, estamos obviamente muy lejos de poder implementar actualmente semejante idea. Pero la limitación está esencialmente relacionada con nuestro conocimiento del paisaje y con nuestra definición de la conciencia; en principio no es insuperable.

¿Por qué las leyes son tan favorables a la vida?

El hecho es que las leyes de la física parecen estar particularmente adaptadas a la existencia de la vida, o más generalmente, de la complejidad. Si cualquiera de los parámetros fundamentales de nuestros modelos tuviera otro valor, es probable que nuestro universo fuera triste, uniforme y pobre. ¿Por qué la naturaleza ha elegido estos valores tan improbables, casi imposibles, que permiten la emergencia de un mundo proteiforme y polícromo, de un mundo propicio para la vida?

Hay en esencia cuatro explicaciones posibles.

La primera es que hayamos tenido una suerte increíble. En este espacio infinito de posibles soluciones, la «tirada de dados» inicial habría seleccionado esta zona infinitamente pequeña que permite la emergencia de un mundo delicado y opulento. Matemáticamente es posible. Pero, naturalmente, es poco convincente. ¿Por qué el azar habría hecho emerger esta posibilidad tan específica de medida nula?

La segunda sería la del diseño inteligente: que Dios haya organizado todo para que podamos existir. Esto tampoco es imposible. Pero no es ni una solución científica ni, en mi opinión, una postura éticamente sostenible o estéticamente atractiva: congela el conocimiento vinculándolo a la única exégesis de un texto supuestamente sagrado. Es una lógica de la revelación y no de la investigación-creación: no permite ya colocarse en posición de sorprenderse.

La tercera invoca la formidable capacidad de adaptación de la vida. Consiste en suponer que si las leyes hubieran sido diferentes, la complejidad habría encontrado de todas formas su camino. Es una propuesta seductora que merece muy seria consideración. Pero de momento no está corroborada por las observaciones. La complejidad es manifiestamente frágil: a lo que parece, no se desarrolla ni en el núcleo de las estrellas ni en los lugares más hostiles.

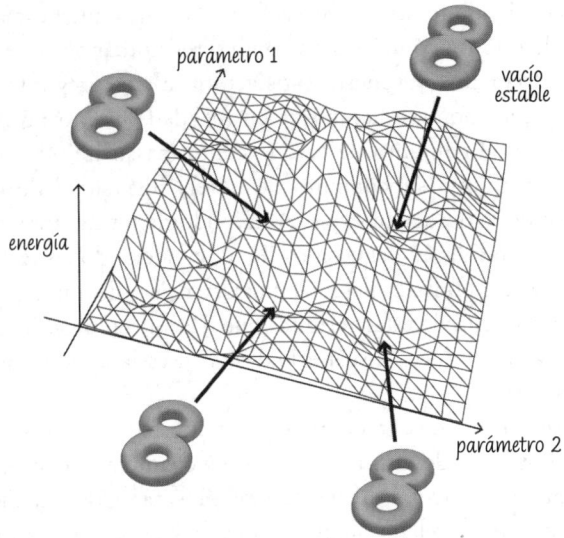

Figura 8.1. Un paisaje posible para la teoría de cuerdas. Cada mínimo corresponde a un lote de leyes efectivas diferentes.

La última posibilidad es precisamente la del multiverso. Si existe un gran número, incluso una infinidad de universos con leyes diferentes, es «natural», e incluso previsible, que algunos de ellos sean «compatibles» con la complejidad. Y es obvio que nosotros no podemos estar más que en uno de ellos, ya que somos uno de sus resultados. Esta es ciertamente la explicación más sencilla y la más económica conceptualmente.

Imaginemos cuál sería la cosmología de las termitas. Estos extraordinarios insectos con una fascinante civilización podrían estar preguntándose durante siglos por qué el universo está compuesto solo de madera. E incluso descubriendo todas las teorías físicas, incluso mucho más allá de nuestra comprensión como seres humanos, no encontrarían una respuesta satisfactoria a esa pregunta... hasta que comprendieran que en realidad su entorno inmediato, el conjunto de lo que conforma su mundo, es solo un ínfimo subconjunto de la real diversidad de lo existente. No pueden explorar el fondo de los océanos ni las profundidades del cosmos. Pero, conociendo las leyes de la física, podrían imaginar su existencia. ¿Estamos hoy en la posición de estas termitas que descubren posibilidades hasta entonces insospechadas? Esa es la apuesta del multiverso.

Existen muchos «modelos» de multiverso que pueden ser abordados de distintas maneras en cuanto a su contrastación experimental. Recientemente, los datos del satélite Planck han revelado algunas anomalías en comparación con las predicciones del modelo estándar de la cosmología. En particular parece existir una asimetría en las fluctuaciones de temperatura entre dos hemisferios celestes. Algunos artículos publicados ven en ello un claro indicio del efecto de otro universo sobre el nuestro. Aunque esta predicción se hizo antes de efectuarse las medidas, lo cual es bastante notable, no hay que darle demasiado crédito: el efecto observado es estadísticamente poco significativo, y aunque fuera real, es probable que se encuentre una explicación menos exótica. Pero, poco a poco, van apareciendo en los estudios físicos algunas ideas para contrastar u observar el multiverso. Aunque este induce una forma de porosidad epistémica con otros modos de pensamiento, es evidente que no está disociado de la práctica científica en el sentido más consensual del término.

Así, pues, el multiverso no se sale del campo de la física. Pero aunque llevara a rediseñar los contornos de ese campo —lo cual, en mi opinión, no es el caso—, ¿sería eso necesariamente algo chocante? Ni *El hombre que camina* de Rodin ni las abstracciones de Kandinsky, ni *Fountain* de Duchamp, ni el «acorde Tristán» de Wagner habrían sido considerados arte por un esteta del siglo XVIII. Todos los campos disciplinarios se transforman desde dentro. Sería sorprendente negar ese mismo derecho a la ciencia, que es por definición ¡un pensamiento dinámico! Una ciencia que, afortunadamente, ha revisado ya varias veces su propia esencia...

Vuelta a la inflación

Así pues, el multiverso no es simplemente una idea seductora o aterradora que permite imaginar mundos alucinantes, sino que tiene un papel operativo concreto en la evaluación de un escenario. Actualmente existe una controversia entre algunos cosmólogos en torno a la «naturalidad» de la inflación. Y el corazón de esta controversia, que plantea la cuestión de la viabilidad de un modelo que describa nuestro universo, gira alrededor de las consecuencias de este para el multiverso.

Paul Steinhard, físico de Princeton, y Abraham Loeb, de Harvard, muestran por ejemplo que es menos fácil declarar completamente satisfactoria la inflación si se la evalúa en el marco del multiverso que ella misma predice. Ese multiverso no es algo que se añada por razones ideológicas o estéticas: es una parte de las consecuencias del modelo.

Sin embargo, dentro de este marco, contrastar la inflación en relación con sus propias predicciones se torna interesante y difícil...

La primera dificultad proviene del problema de la medida. Definir una medida dentro del multiverso es complicado, pero es algo indispensable cuando se trata de evaluar la probabilidad de que ocurra lo que se ha observado. Hoy día están en estudio numerosas posibilidades de medida. Pero según las más simples de ellas, ponderando por ejemplo por el volumen de las burbujas, la inflación parece relativamente autocontradictoria en el sentido de que las condiciones que la producen con alta probabilidad son precisamente aquellas que son desfavorecidas por nuestro universo.

La segunda dificultad tiene que ver con el «potencial» del campo que genera la inflación. Recordemos que el potencial es fundamentalmente la forma del relieve sobre el cual evoluciona. Pues bien, los datos del satélite Planck apuntan en dirección a ciertos potenciales. Mientras que hasta ahora la zoología de las formas de potencial era extremadamente rica (reflejo de nuestro desconocimiento), la situación ha cambiado mucho al hilo de las recientes medidas. Solo son aceptables algunas de ellas, las que son compatibles con las observaciones. Un éxito magnífico, porque empezamos a conocer en detalle la física que rige este campo y por tanto lo que ocurrió en los tiempos más remotos. Pero en el marco del multiverso las cosas se complican... En efecto, el potencial favorecido por las medidas se ve autodesfavorecido por la lógica propia del multiverso inflacionario. Para la forma que se adecúa a los mapas de Planck, debería haber exponencialmente más burbujas provenientes de una zona del potencial que no es aquella donde debe encontrarse realmente el campo. Esto significa que la coherencia misma del modelo se resiente cuando se tiene en cuenta el multiverso.

Es probable que se encuentren salidas a estas aporías. Andrei Linde ha ofrecido algunos elementos de respuesta convincentes. Pero el hecho es que pensar en el marco del multiverso es una *necesidad* para realizar aquí pruebas fiables en *nuestro* universo. La postura científica rigurosa exige tener en cuenta el conjunto de las predicciones, incluidas las de otros mundos. Estas influyen en nuestras conclusiones, incluso en lo que respecta a la física local.

El multiverso matemático

De forma quizá inesperada, la cuestión del multiverso parece también plantearse en las matemáticas. Veamos un ejemplo muy sencillo. Un tema de debate extremadamente importante tiene que ver con la hipótesis del continuo. El matemático alemán Georg Cantor la consideraba una de las cuestiones no resueltas más importantes de todas las matemáticas. A grandes rasgos podría resumirse así: ¿existe un infinito «intermedio» entre el de los números enteros, que es un «infinito pequeño», y el de los números reales, que es un «infinito grande»?

Se ha demostrado que, en el marco de la axiomática consensual de las matemáticas (denominada «ZFC»), esta hipótesis es indecidible. Se puede elegir que sea verdadera o falsa. En otras palabras, es posible construir una matemática coherente con ZFC y un infinito intermedio, y también una matemática coherente con ZFC y sin infinito intermedio. En el núcleo mismo del corazón del pensamiento más formal parece inmiscuirse así la posibilidad de una proliferación mundana. Ni siquiera las matemáticas están a salvo, y la elección entre autorizar la proliferación de universos o completar la axiomática para hacer que la proposición sea decidible no es evidente. Quizás se trate al final sobre todo de una elección estética.

9. Gravedad cuántica y multiverso temporal

> Simulacro sería, al parecer, el nombre del arroyo donde Narciso ama a Narciso. ¡Oh, candor burlado y crédulo de Genet reflejándose en Pantera negra!
>
> HÉLÈNE CIXOUS, *Entretien de la blessure*

Cuantizar la gravedad

Toda nuestra física descansa en dos teorías. Dos teorías magníficas e inmensamente extrañas: la relatividad general y la mecánica cuántica. La primera transfiguró de manera fundamental nuestra comprensión del «continente» (el espacio y el tiempo), la segunda modificó profundamente nuestra percepción del «contenido» (la materia y las interacciones). Hasta el punto de borrarse o difuminarse la frontera entre uno y otro: Einstein muestra que el espacio-tiempo se convierte en un campo como los demás. Pero si realmente es un campo —es decir, un objeto físico— «como los demás», entonces debe ser cuántico: todos los campos conocidos son cuánticos. Todos siguen las prescripciones de esta física de lo discontinuo y lo aleatorio. Sin embargo, cuantizar el campo del espacio-tiempo plantea dificultades monumentales.

Para convencerse de ello basta con pensar, por ejemplo, en el estatuto del tiempo. En la mecánica cuántica es continuo y externo. Radicalmente diferente del espacio: mientras que a la posición espacial se le asocia un operador (un objeto matemático que transforma aquello sobre lo que actúa), el tiempo sigue siendo completamente clásico y permanece inalterado en la física cuántica. Por el contrario, la relatividad une tan fuertemente el espacio con el tiempo que la distinción entre ambos es completamente arbitraria en dicha teoría. Esta es solo una de las numerosas dificultades con que se enfrentan los intentos de elaborar una teoría cuántica de la gravedad. Otras son de carácter más técnico, relacionadas, por ejemplo, con la aparente imposibilidad de «renormalizar» la gravedad, es decir, la aparente necesidad de realizar un número infinito de medidas para fijar el valor de los parámetros que la describen.

La dificultad de conciliar la mecánica cuántica con la gravedad es tal (el problema lleva abierto casi un siglo) que podría ser tentador cuestionarse la legitimidad de semejante *requisito*. Después de todo, ¿no podría ser que el campo gravitatorio fuera un fenómeno «emergente», que no fuese una fuerza fundamental y que, por tanto, no fuese necesario cuantizarlo? Es una pregunta que merece la pena plantear y una idea que debe explorarse. Pero es poco probable que resulte fructífera.

Muchos proyectos en torno a la radiación cósmica de microondas van a centrarse ahora en una propiedad específica de esa radiación: la polarización B. Se trata de un modo particular de vibración de la luz que revela la huella de las ondas gravitatorias primordiales, una débil vibración de la geometría del universo en sus primeros tiempos.

Como ya mencionamos, estas ondas son importantes porque, de detectarse, proporcionarían más apoyo aún al modelo inflacionario (que en ningún caso se basa principalmente en esta hipotética medida). Pero también tendrían una importancia excepcional por el hecho de que constituirían sin duda *el primer efecto de la gravedad cuántica medido experimentalmente* en toda la historia de la física. En efecto, a menos que se parta de modelos extremadamente complejos y artificiales, estas ondas gravitatorias solo pueden proceder de un efecto de gravedad cuántica. La inflación actúa como una magnífica máquina de amplificar la emisión espontánea de gravitones y eso es probablemente lo que se observaría aquí, suponiendo que se puedan sustraer las fuentes astrofísicas. Esta medida no permitirá decir cuál de las teorías de la gravedad cuántica es la «correcta», porque sondea un régimen de campo débil en el que todas las teorías son esencialmente equivalentes. Pero permitirá demostrar, a reserva de confirmación, que la gravedad cuántica existe y que por tanto es necesaria una teoría así. Lo cual supone ya un inmenso avance.

No hay que perder de vista que la situación sigue siendo incierta. Las medidas realizadas por BICEP2 en ese sentido han sido infructuosas. Los primeros planos siguen siendo poco conocidos, y los resultados iniciales, demasiado optimistas, han quedado invalidados. Es el juego habitual de la ciencia: una primera medida audaz, reacciones entusiastas, tiempo para la duda y el cuestionamiento, y luego la preparación de nuevos detectores para relanzar la búsqueda...

Una espuma de espín

La teoría de cuerdas es una teoría de la gravedad cuántica. Una teoría atractiva, pero muy cargada de hipótesis, que intenta prolongar las lecciones de la física de partículas elementales. Existen otros enfoques, más inspirados en los fundamentos de la relatividad general. El más importante de ellos es la gravedad cuántica de bucles (o de lazos), que, como veremos, da lugar a una forma de multiverso «temporal».

Actualmente, la formulación más eficaz de la gravedad cuántica de bucles, llamada «covariante», es la de las redes de espín. En sentido estricto, se trata de una teoría cuántica de campos en la que la simetría esencial de la relatividad general está implementada en su núcleo. Esta simetría, la invariancia bajo difeomorfismos, estipula que las leyes no varían al realizar un cambio arbitrario de coordenadas. Tener esto en cuenta en un marco cuántico es muy complicado. La idea general es basarse en lo que llamamos una «red de espín», es decir, un grafo cuyas aristas y puntos de intersección llevan números que codifican la geometría del espacio. Las espumas de espín son una generalización de estas redes en la que se integra la totalidad del espacio-tiempo en lugar del espacio solamente. El espacio-tiempo físico real, al ser cuántico, es una superposición de estas espumas de espín. La imagen es intuitivamente compleja, pero matemáticamente muy coherente. Integra las grandes lecciones de la física cuántica y de la relatividad general sin exigir la existencia de dimensiones adicionales ni de nuevas simetrías.

La consecuencia fundamental de este planteamiento es que hace emerger un espacio granular. Como muestra Carlo

Rovelli, uno de los principales protagonistas de esta teoría, la granularidad en cuestión no proviene de una «discretización» *ad hoc*, lo que tendría poca importancia, ¡sino de la cuantización misma! El tamaño característico de las estructuras de malla del espacio es extraordinariamente pequeño: del orden de la longitud de Planck, es decir, 10^{-35} metros. Es cien billones de veces más pequeño que las distancias más pequeñas que podemos sondear con nuestros aceleradores de partículas. Ahí reside por supuesto todo el problema de las pruebas experimentales.

Pero en principio no es imposible contrastar la teoría. Carlo Rovelli y yo propusimos la hipótesis de que los agujeros negros, cuya estructura interna había él estudiado con Francesca Vidotto, podrían emitir estallidos de rayos gamma que indicarían la presencia de estos efectos de gravedad cuántica.

La dificultad estriba en que hace falta observar un agujero negro de masa bastante pequeña. Algo así como medir el efecto de evaporación descubierto por Stephen Hawking. Y la existencia de semejantes agujeros negros no está demostrada. Pero si existieran, es probable que un fenómeno de energía bastante baja conserve milagrosamente la huella de los efectos de gravedad cuántica que se esperan a energías muy altas. A estos agujeros negros los llamamos «estrellas de Planck».

Hay otras sondas también concebibles. Por ejemplo, la posibilidad de que la estructura granular del espacio modifique muy ligeramente la forma en que se propagan los fotones, incluso en el vacío. Es exactamente análogo a lo que ocurre cuando un grano de luz atraviesa un medio material transparente. La presencia de átomos en el medio, la red cristalina, cambia la forma en que los fotones la atraviesan. Si el espacio es en sí mismo una red, incluso en ausencia de toda materia, debe dejar una impronta. Pero el efecto es minúsculo y algo dudoso, porque hoy por hoy no es posible derivarlo de manera rigurosa.

Con todo, la mejor sonda sigue siendo sin duda la cosmología.

La cosmología cuántica de bucles y el Big Bounce

¿Por qué una teoría que pretende describir extraordinariamente bien lo infinitamente pequeño tendría algo que decir, algo esencial, sobre el propio universo? ¿Qué relación hay entre el cosmos en su conjunto y la estructura en red de espín del espacio que aparecería al observar con un hipotético microscopio que diera acceso a tamaños del orden de 10^{-35} metros? Todo viene de que los efectos de la gravedad cuántica son importantes cuando la densidad del universo es muy grande. Es esta densidad la que determina la entrada en juego de la gravedad cuántica, y no el tamaño del universo (entendido aquí como la totalidad del espacio y no como nuestro único volumen de Hubble), tamaño que puede en cualquier momento ser infinito. Pues bien, cuando recorremos hacia atrás la historia del universo, cuando retrocedemos en el tiempo hasta el Big Bang, llega necesariamente un momento en que la densidad alcanza el valor crítico, la densidad de Planck (10^{96} kg/m^3).

Por sorprendente que parezca, es bastante fácil hacer predicciones claras para el universo cuando la densidad alcanza estos valores. Es incluso mucho más sencillo que describir fenómenos aparentemente elementales. La razón de esta aparente paradoja es bien conocida: el universo es un sistema muy simétrico. Es esencialmente igual en todos los puntos y en todas las direcciones. Gracias a esta increíble simetría, el universo es de hecho el sistema más simple que cabe imaginar. Esto se debe, naturalmente, a que la cosmología solo se interesa por su estructura global y no por los «detalles», por muy atractivos e inquietantes que sean. De ahí que en el marco de la gravedad cuántica de bucles sea posible hacer predicciones fiables sobre el universo en sus primeros instantes.

El resultado es alucinante: el Big Bang desaparece. Y la singularidad inicial no es reemplazada por otra cosa parecida, sino... ¡por otro universo! Un universo «aguas arriba» del nuestro: no un mundo en otro lado o paralelo, sino *anterior*. El Big Bang ya no está, y en su lugar hay un Big Bounce, un gran rebote. El tiempo se abre hacia el pasado. El origen desaparece, y con él las insuperables dificultades matemáticas que conlleva. De alguna manera, el eje temporal se resimetriza.

Es posible que el Big Bounce no haya sido único y que semejantes rebotes se hayan producido un gran número de veces, incluso infinitas. En ese caso lo que se perfilaría sería un multiverso cíclico. El intervalo de tiempo entre estas respiraciones podría ser inmenso o, en principio, muy pequeño: prácticamente no hay ningún límite teórico. Los universos se sucederían sin necesariamente parecerse. Por eso es razonable hablar de universos diferentes y no de un único universo oscilante (lo que seguiría teniendo sentido desde otro punto de vista): casi toda la información se pierde de un ciclo a otro. Cada paso por un rebote es casi una puesta a cero.

Como decimos, se pierde casi toda la información, pero no necesariamente *toda ella*. Una de las cosas a las que me dedico desde hace algunos años es precisamente la de tratar de identificar ínfimas trazas del rebote, y quizá incluso del universo que lo precedió. La tarea no es fácil, pero hay un puñado de indicios más o menos directos que podrían contribuir a que el modelo sea contrastable. La inflación, por ejemplo, puede tener duraciones increíblemente diferentes en el marco de la cosmología estándar. En concreto, no se conoce el factor de dilatación del universo: debe ser superior a 10^{30}, pero puede ser arbitrariamente grande. Podría ser de 10^{100} o de $10^{1\,000\,000}$... Por el contrario, en el enfoque del que estamos hablando el factor multiplicativo es esencialmente conocido y predecible. Y no se puede descartar que llegue a ser mensurable. Para ser más concretos, puede que queden ínfimas trazas en la radiación fósil. La sensibilidad del satélite Planck aún no es suficiente para detectarlas, pero la aventura no termina ahí. Los «modos B», que ocupan hoy el centro de interés, podrían dar lugar también, dentro de unos años, a un espectro, es decir, a la posibilidad de medir su intensidad en función de su tamaño. Y la forma de ese espectro es precisamente aquello sobre lo cual el rebote puede haber dejado una huella. También podrían detectarse allí ciertos fenómenos catastróficos ocurridos en el universo precedente. La idea de un Big Bounce gana terreno y se está convirtiendo en una hipótesis muy seriamente considerada por la comunidad de cosmólogos.

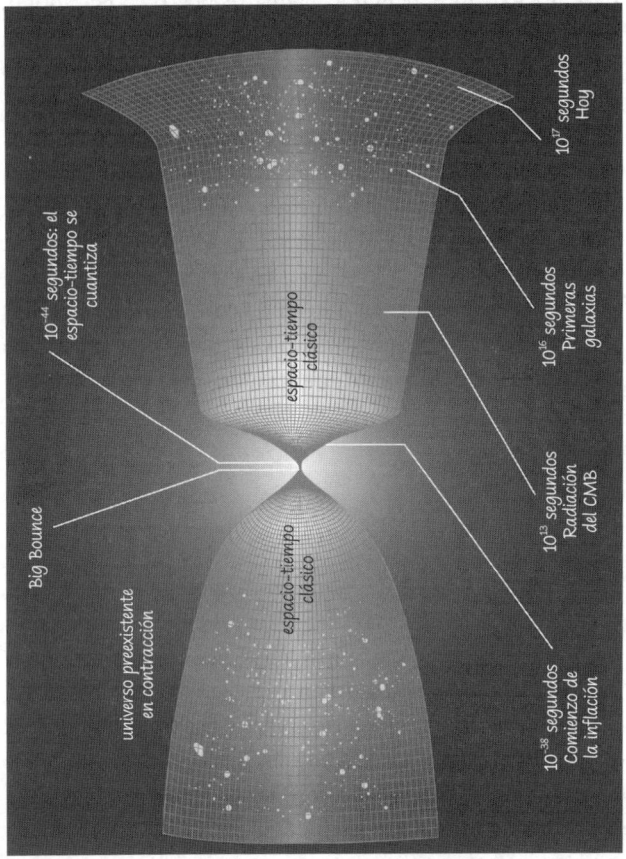

Figura 9.1. El Gran Rebote (Big Bounce) que reemplaza al Big Bang en la gravedad cuántica de bucles.

Estos efectos de los rebotes cuánticos podrían también desempeñar un papel en los agujeros negros. Lee Smolin, del Instituto Perimeter de Canadá, ha propuesto que nuestro Big Bang (aparente) podría ser en realidad el resultado de un colapso en agujero negro en un universo progenitor. El agujero negro rebotaría como consecuencia de efectos de repulsión cuántica. Cada agujero negro sería entonces un genitor de universos. Como las leyes de la física podrían variar un poco con cada engendramiento, se produciría una especie de selección natural cosmológica que llevaría a que las leyes se ajustasen enseguida para maximizar la producción de agujeros negros. En este sentido, este modelo concreto es falsable y, en mi opinión, está esencialmente falsado.

Los eones de Penrose

Existen otras formas de modelos cosmológicos en los que el Big Bang se «reinserta» o «reintegra» en una historia más amplia y más completa. Entre ellos destaca la cosmología cíclica conforme de Roger Penrose.

Penrose es uno de los más grandes físicos teóricos vivos y un eminentísimo especialista en relatividad general. Sus aportaciones a la comprensión de los agujeros negros, de las singularidades, de la estructura causal del espacio-tiempo y de la cosmología son inmensas.

Recientemente propuso un modelo cíclico basado en la noción de eones. La idea central de este enfoque consiste en conectar una secuencia de espacios cosmológicos usuales denominados «de Friedmann-Lemaître-Robertson-Walker».

El punto clave estriba en que es posible pegar de manera regular el «pasado» de uno de los eones al «futuro» del precedente. En concreto, esta seductora operación matemática requiere una transformación específica denominada «transformación conforme». Intuitivamente consiste en efectuar un cambio de escala, es decir, en multiplicar por un número positivo la función métrica que describe la geometría del espacio-tiempo. Como resultado de esta operación delicada y aparentemente delictiva surge una solución original de las ecuaciones de Einstein en la que cada *big bang* asociado a un nuevo eón provendría del futuro muy lejano del eón anterior. Para que esta transformación conforme sea legítima es preciso que se corresponda con una simetría física real. Nuestro entorno directo no es invariante bajo el efecto de semejante transformación: cambiar de escala no es una operación trivial, el mundo ya no es el mismo después de esta modificación de las longitudes. Pero cuando retrocedemos en el tiempo, cada vez más cerca del Big Bang, las temperaturas se hacen muy elevadas y la masa de las partículas acaba por no desempeñar ya ningún papel: la energía está entonces totalmente dominada por el «movimiento». Y en ese caso el sistema físico puede efectivamente volverse invariante bajo una transformación conforme. Ya no hay ninguna escala privilegiada y tiene sentido aplicar esta transformación matemática. Lo curioso es que lo mismo ocurre en el futuro: cuando el universo está extremadamente diluido, también se puede alcanzar la invariancia conforme. De ahí la idea de «pegar» estos dos estados (el pasado muy caliente de un universo y el futuro muy frío de otro), cuya coherencia teórica Penrose ha demostrado magistralmente.

Aparte de su elegancia, el modelo de Penrose permite también abordar una vieja paradoja de la física teórica. Según la segunda ley de la termodinámica, una de las leyes más importantes y fundamentales de la ciencia moderna, la entropía —medida del desorden— debe aumentar con el tiempo. Esto significa que al retroceder en el tiempo la entropía debe naturalmente disminuir. En otras palabras, el estado «inicial» del universo debe corresponder a una entropía minúscula y por tanto a un estado increíblemente ordenado, es decir, a un estado muy específico. Esto es lo que permite esta cosmología cíclica conforme: el universo emerge de modo natural en un estado de entropía muy baja. Ello se debe a que la transformación conforme coloca al universo en un estado en el que los grados de libertad, es decir, los parámetros fundamentales del campo gravitatorio, no se activan al nivel del Big Bang, y la muy baja entropía resultante contrarresta la elevada entropía asociada a la materia.

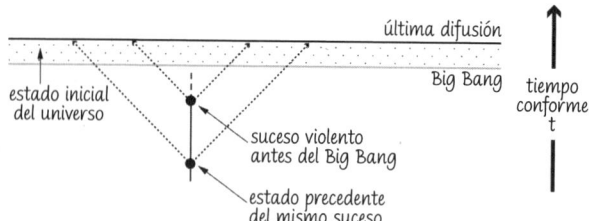

Figura 9.2. Representación de cómo podrían detectarse las huellas de la cosmología cíclica conforme de Penrose. En el diagrama, el tiempo fluye hacia arriba. Nuestro Big Bang es la línea horizontal inferior. Los sucesos violentos que ocurran en la fase que precede al Big Bang pueden dar lugar a «círculos» observables en el fondo cósmico de microondas (línea horizontal superior).

Penrose y V. G. Gurzadyan, alumno suyo, piensan haber encontrado indicios observacionales a favor de este modelo: «grandes círculos» en el fondo cósmico de microondas que provendrían de la coalescencia de agujeros negros en el eón anterior. El análisis era sin duda un poco precipitado, incluso completamente erróneo. Pero, una vez más, demuestra que puede haber indicios experimentales que no están fuera de nuestro alcance. ¡En este caso habría que hablar quizá de un multieón en lugar de un multiverso!

10. ¿Vida en el multiverso?

> Ulises no se parece a nadie. Vive en lo extraordinario, pero esta «exterioridad» no deja de ser una exterioridad para nuestro «ordinario». Se sitúa allí, lo atraviesa como abriendo un devenir, otro mundo en el mundo, una frontera que da testimonio más de la ontología que de la historia.
>
> JEAN-CLET MARTIN, *Métaphysique d'Alien*

¿Qué es la vida?

La posible diversidad de los mundos no puede por menos de plantear algunas preguntas sobre sus posibles habitantes. Naturalmente, ninguna pregunta sobre la existencia de vida extraterrestre, incluso dentro de nuestro propio universo, es posible imaginarla sin disponer de un concepto de lo que es la vida. Muchas discusiones estériles tienen su origen en la ausencia de una definición conceptual clara. Por ejemplo, es completamente inútil debatir sobre si tal o cual artefacto es o no una obra de arte sin ponerse antes de acuerdo sobre una manera de definir el arte. Una definición que además, en este caso particular, no hay que buscarla en el objeto propiamente dicho, sino en la manera de hacerlo funcionar. La calidad de la obra es una cuestión totalmente independiente del hecho de decidir que se trata efectivamente de una obra. No hay ontología de la pintura, de la ciencia, de la literatura o de la música: solo hay maneras —cognitivas— de hacerlas funcionar.

Pero definir la vida es una tarea increíblemente difícil. El fuego, por ejemplo, parece poseer todas las características que vienen inmediatamente a la mente: es caliente, destruye lo que «ingiere», se automantiene, se propaga, se mueve, puede morir, existe bajo diferentes formas pero con características comunes, se reproduce, etc. Sin embargo, una llama no es evidentemente un ser vivo. Hay que mirar más de cerca. Hoy en día existen dos grandes tendencias para definir la vida. La primera consiste en considerar a los organismos en tanto que individuos como la expresión fundamental de la vida. Esta tendencia recurre a la idea de autopoiesis, es decir, a una estructura en red de reacciones recursivas.

La segunda pone el acento en la dimensión histórica de la vida. Otorga un papel esencial a los vínculos temporales entre las poblaciones y las generaciones. Los individuos se convierten en simples eslabones de un proceso más global y más fundamental.

También existen intentos de conciliar estos dos enfoques, intentos que tienden a considerar la vida como un sistema autosuficiente, aunque en interacción con su entorno, cuyas capacidades de evolución están abiertas. La NASA propone una definición simple y breve: «La vida es un sistema químico autónomo capaz de seguir una evolución darwiniana».

Estas definiciones brillan más por la complejidad que ponen de relieve que por aquello que enuncian. Y sin embargo estamos en un caso sencillo. Alrededor de nosotros observamos organismos que admitimos que están «vivos». Basta entonces con encontrar el concepto que subsume sus características comunes y que excluye otros sistemas. Pero en cuanto nos planteamos la cuestión de la naturaleza de la vida, necesitamos una definición *en intensión*, es decir, sin disponer de la muestra de objetos que se decreta que están vivos. Las dificultades con las que entonces hay que enfrentarse son inmensas.

Las formas de vida no dejan de sorprendernos. Dentro mismo de nuestro planeta se descubren casi a diario organismos de una diversidad, de una elegancia y de un ingenio inimaginables. Los mismos insectos, cuando se hace el esfuerzo de observarlos en lugar de aplastarlos, ofrecen una paleta de morfologías, una gama de delicados hallazgos y una diversidad estética que no pueden por menos que suscitar emoción además de admiración. La cuestión de la existencia de formas de vida (en un sentido aún por definir) que escapan a nuestra actual comprensión está totalmente abierta. Hoy en día, la tentativa de caracterización más precisa recurre a tres pilares: estructuras moleculares complejas, una actividad metabólica ininterrumpida alimentada por el aporte de materia y energía, y la copia inexacta de las moléculas informativas. Por muy seductora que sea esta caracterización, sigue estando demasiado inspirada en nuestras observaciones locales como para erigirla en criterio universal, ¡o incluso multiversal!

Exoplanetas

Buscar planetas fuera del sistema solar ha sido todo un reto. Al lado de la estrella alrededor de la cual orbitan, los planetas son tan irrisorios, tanto en tamaño como en masa, que resulta extremadamente difícil detectar su existencia desde grandes distancias. Localizar los posibles cortejos planetarios de estrellas distintas de nuestro Sol es toda una hazaña astronómica. Pero en 1995 se descubrió un primer exoplaneta, diez años más tarde eran ya 155 y ahora se cuentan por miles. La cosecha es abundante.

Existen esencialmente dos técnicas para intentar detectar exoplanetas. Ambas son muy sofisticadas y requieren esfuerzos considerables de instrumentación y de análisis. La primera, conocida como «método de las velocidades radiales», utiliza el efecto gravitatorio del planeta sobre su estrella. Como la masa del primero es infinitesimal comparada con la de la segunda, la influencia que se trata de detectar es minúscula. Para ello se utiliza el efecto Doppler, es decir, el desplazamiento de la frecuencia de la luz emitida por la estrella. El efecto es inducido por el movimiento que le imparte el planeta al orbitar alrededor de ella. En sentido estricto, el planeta y la estrella giran ambos alrededor del otro: de ahí que se produzca un desplazamiento periódico de la frecuencia que se puede medir y que revela la presencia del planeta.

El segundo método es el del «tránsito». Como el planeta no emite luz por sí mismo sino que simplemente refleja una cantidad minúscula de la emitida por su estrella anfitriona, lo mejor es buscar el ligerísimo déficit de brillo de la estrella que se produce al pasar el planeta por delante de ella y ocultarla parcialmente.

Se han descubierto varios exoplanetas de los llamados «habitables». En realidad eso solo significa que su distancia a la estrella es tal que, de haber agua en el planeta, esta estaría en estado líquido. Se está lejos de haber identificado rastros explícitos de vida, pero no está descartada la posibilidad de formas de vida en condiciones similares a las que conocemos en la Tierra.

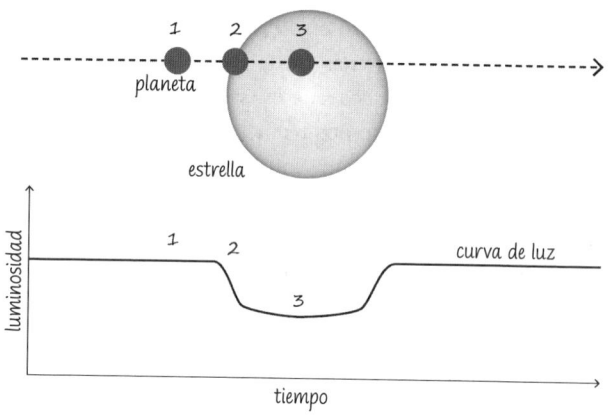

Figura 10.1. Principio de detección de un exoplaneta por el método del tránsito.

¿Qué probabilidad?

Hace apenas unos años, los exoplanetas eran tan raros y las condiciones de aparición de la vida parecían tan improbables y frágiles que era razonable suponer que la vida era un fenómeno único. Una especie de milagro contingente que, por alguna razón sin duda oscura para siempre, se había producido en la Tierra. Aunque la génesis de los primeros organismos vivos sigue estando rodeada de misterio, el descubrimiento de gran número de exoplanetas ha trastocado esta visión. Y es que los números que se barajan aquí son, no ya grandes, sino *muy* grandes.

En efecto, hoy día es verosímil que los planetas sean en realidad objetos extremadamente comunes. Hasta el punto de que podemos estimar su número (de manera muy aproximada) en unos cien mil millones o un billón en nuestra galaxia. Teniendo en cuenta que en el universo visible hay cientos de miles de millones de galaxias (y muchas más si contamos las galaxias enanas), el panorama general cambia considerablemente. Ahora estamos hablando de quizás cien mil trillones de planetas posibles. Tal vez incluso más. Ante este vértigo numérico, la naturaleza de la cuestión podría ser otra. Ya no se trataría de saber si estamos solos, sino de comprender qué otros caminos podría haber seguido la vida.

La empresa es increíblemente difícil. Desde la década de 1960, el programa SETI (Search for Extra-Terrestrial Intelligence) agrupa diferentes proyectos que intentan buscar indicios de vida extraterrestre inteligente a partir de señales electromagnéticas distintas de un simple ruido. El proyecto es sin duda loable, pero me resulta difícil no encontrarlo al mismo tiempo bastante arrogante y en cierta medida patético. Implica, en efecto, no solo que la vida extraterrestre inteligente debería utilizar las mismas técnicas con las que nosotros estamos familiarizados, sino también que nuestra relación con el mundo se basa en realidad en características o modalidades específicas del propio mundo. Compartimos el 99% de nuestro patrimonio genético con los chimpancés. Nuestra historia es esencialmente la misma que la suya. Vivimos en el mismo planeta, en el mismo momento. Y, sin embargo, es innegable que los tópicos significativos de su(s) mundo(s) no son los mismos que los nuestros. Y esto sigue siendo cierto en gran medida al comparar diferentes civilizaciones humanas. Suponer por tanto que toda forma de vida inteligente debe «ver» el mismo mundo y de la misma manera que el físico terrestre de principios del siglo XXI me parece, como poco, incoherente.

Si además se hace necesario pensar más allá de nuestro universo, en la insondable diversidad del multiverso, ya no es siquiera posible imaginar el sentido que podría tener la palabra «vida». Es legítimo suponer que para que se desarrolle la vida, sea cual sea el significado preciso que demos al término, es necesario que las leyes autoricen la emergencia de complejidad. Pero evidentemente nada prueba que la complejidad del carbono en un medio de agua líquida, que es lo que observamos aquí, sea la única imaginable. Y nada prueba que nuestra comprensión de la complejidad sea lo bastante general. Los límites que hay que transgredir son aquí no tanto los de la física como los de nuestro pensamiento.

11. Una prueba directa del multiverso

La utopía se reduce con la cocción, por eso hace falta una cantidad enorme de ella para empezar.

GÉBÉ, *L'an 01*

Como ya hemos explicado, someter a prueba el multiverso quizá sea posible de manera indirecta, porque no es una teoría sino una consecuencia de teorías que pueden contrastarse en nuestro universo. A partir del conocimiento del «paisaje», es decir, de las características de los distintos universos y de las probabilidades de aparición asociadas a ellos, sí es posible hacer predicciones en el sentido habitual del término. Sorprendentemente, en algunos casos es incluso posible proponer observaciones directas del multiverso. Es uno de estos casos el que nos interesa aquí.

El entrelazamiento cuántico

De manera totalmente independiente del multiverso y de la cosmología, la mecánica cuántica predice un fenómeno muy sorprendente y muy fundamental llamado «entrelazamiento».

Se trata quizá de la consecuencia más desconcertante y más importante de toda la física cuántica. Cuando un sistema se encuentra en tal estado, cuya exacta definición matemática no importa aquí, dos objetos espacialmente distantes pueden en realidad no ser separables. Es posible medir correlaciones instantáneas que serían imposibles si los dos objetos se consideraran independientes uno de otro.

Veamos un ejemplo. Supongamos que se prepara un sistema de dos fotones, es decir, de dos granos de luz, en un estado entrelazado. Al cabo de unos instantes, los fotones, viajando a gran velocidad, se encuentran muy lejos uno de otro. El extraño y notable fenómeno es el siguiente: al medir por ejemplo la polarización de uno de ellos, el experimentador cambia instantáneamente la polarización del otro. El segundo fotón parece «saber» que el primero ha sido medido en una polarización determinada, y parece «saberlo» sin ningún retardo. Esto, a primera vista, parece violar el principio de causalidad y todas las enseñanzas de la relatividad especial.

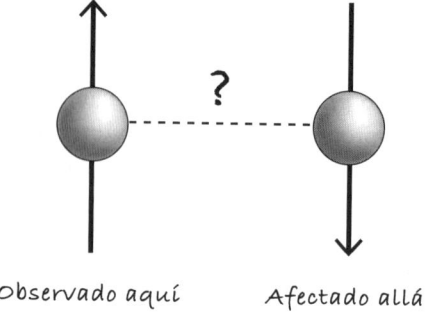

Observado aquí   Afectado allá

Figura 11.1. Con un par de fotones entrelazados, medir la polarización de uno de ellos afecta instantáneamente la del otro. Ambos deben considerarse como un único sistema.

De hecho, no es así. No hay ninguna violación de la física relativista, porque no es posible transmitir ninguna información de ese modo. Además, es esencial comprender que el conjunto de los dos fotones (o, en términos más generales, de las dos partículas entrelazadas) debe considerarse como un único sistema. La física cuántica es una teoría fundamentalmente no local, y es esto lo que se expresa aquí. No tiene sentido describir los dos fotones como dos partículas separadas que se influyen mutuamente. Experimentos concluyentes han podido incluso demostrar explícitamente que la visión realista local —la que prevalece en la física clásica y la que Einstein defendió para la física cuántica— es incorrecta e insostenible.

Fenómenos de entrelazamiento se han observado en fotones, neutrinos, moléculas y electrones. También desempeñan un papel importante en los desarrollos que se hallan en marcha para los ordenadores cuánticos. Por el momento se trata solo de proyectos teóricos y aún estamos muy lejos de disponer de ordenadores cuánticos que puedan utilizarse en la vida diaria. Pero aprovechando la asombrosa propiedad de ciertos sistemas cuánticos de estar simultáneamente en varios estados, esos nuevos ordenadores podrían multiplicar por diez la capacidad de cálculo de las máquinas actuales.

El entrelazamiento es un fenómeno específicamente cuántico que desafía la imaginación. Permite «ligar» dos entidades materiales independientemente de la distancia que las separa. En principio, la distancia puede ser de varios miles de millones de años luz o más. En el momento en que se realiza una medición sobre uno de los componentes del par, se determina inmediatamente el estado del otro. El sistema de dos entidades debe considerarse como un todo. El mundo cuántico obliga a revisar nuestros fundamentos.

Universos entrelazados

Una de las posibilidades más serias para una prueba directa de la existencia de un multiverso está precisamente ligada a este fenómeno del entrelazamiento cuántico. Si vivimos en un multiverso inflacionario —una de las versiones más interesantes de los múltiples universos—, entonces los otros «universos burbuja» se alejan de nosotros a velocidades considerables. Velocidades incluso superiores a la de la luz. En contra de las apariencias, tampoco en este caso hay ninguna contradicción entre esa afirmación y la relatividad, porque esa velocidad es una velocidad *global* que no es la que podría medirse para un desplazamiento *local* de materia o de información. Por lo tanto, el aserto de que es imposible desplazarse más rápido que la luz sigue siendo correcto. Pero eso significa que esos otros universos están causalmente desconectados de nosotros: no pueden intercambiar información. Son «clásicamente» inaccesibles, por muy potentes que pudieran ser nuestras naves espaciales. Así que todo parece indicar que no cabe esperar indicios claros de su existencia, ya que el espacio crece exponencialmente entre esas burbujas que se separan inexorablemente unas de otras...

Ahora bien, todo eso sería así si no se tuviera en cuenta precisamente el fenómeno del entrelazamiento cuántico. La sutil no-localidad de la física cuántica podría brindar la posibilidad de poner a prueba este multiverso. Si los distintos universos se crearon en un estado cuántico entrelazado —lo cual es posible, aunque no seguro—, entonces podría ocurrir que las huellas de otro universo fueran mensurables en el nuestro. La idea lleva explorándose desde hace más de diez años, pero recientemente se ha podido volver a examinar y a comparar con las medidas del satélite Planck. El núcleo del argumento reside en el hecho de que cuando desaparece el entrelazamiento —porque es muy improbable que perdure—, ello modifica el potencial asociado a la inflación en nuestro universo. El potencial es la función matemática que describe las interacciones del campo físico que genera la inflación. Lo importante aquí es que esto tiene consecuencias para la dinámica de la expansión cosmológica. La pérdida del entrelazamiento inicial con otro universo tendría por tanto la característica concreta y mensurable de modificar el desarrollo de la inflación —el considerable aumento de tamaño— ¡en este universo de aquí!

La inflación es un elemento esencial de nuestro modelo cosmológico, y el potencial es un dato crucial para describir correctamente su desarrollo. La manera en que va a comportarse el universo durante esta fase de crecimiento exponencial está íntimamente ligada a la forma del potencial. Utilizando la analogía habitual, representa el paisaje de dunas que experimentaría una canica rodando por la superficie de montañas rusas. Pero cuando se pierde el entrelazamiento, las montañas y los valles cambian de morfología. El resultado será un cambio en la evolución de las distancias en el universo. Este es el efecto, especulativo pero no descabellado, que la presencia de otro universo inicialmente entrelazado con el nuestro puede tener sobre las medidas locales. Se trata de un enfoque particularmente elegante, en la medida en que los datos recientes del satélite Planck nos permiten precisamente sondear la forma del potencial.

Pero este enfoque, por atractivo que sea, no está exento de dificultades. El principal problema, en mi opinión, es que no se conoce el potencial de la inflación «antes» de la corrección debida a la desaparición de un posible entrelazamiento inicial con otro universo. Por tanto, es difícil poner de manifiesto el fenómeno. Los iniciadores de esta línea de razonamiento muestran por ejemplo que un potencial utilizado habitualmente y del que se sabe que da buena cuenta de las observaciones se vuelve incompatible con ellas cuando se tiene en cuenta el entrelazamiento. Se trata de un resultado notable. Pero en la medida en que la forma real del potencial no es algo que goce de consenso, nada impide suponer que otro potencial, hasta entonces desfavorecido desde el punto de vista de las observaciones, podría, una vez incluida esta corrección, llegar a estar por el contrario en excelente acuerdo con las mediciones.

Hay sencillamente demasiadas incógnitas para sacar conclusiones por el momento. Los artículos se suceden y se contradicen. Pero estas investigaciones demuestran que el multiverso va entrando poco a poco en el terreno de la ciencia contrastable.

La impenetrable física cuántica

Puede ser oportuno aprovechar aquí este fabuloso fenómeno del entrelazamiento cuántico para preguntarse un momento sobre la recepción de una teoría tan compleja por parte de un público que, inevitablemente, no la conoce en detalle. Como decíamos antes, el entrelazamiento está relacionado con los ordenadores cuánticos pero también con la criptografía e incluso con la teleportación cuántica. Se trata de temas de investigación serios y totalmente legítimos. Pero a veces las palabras llevan más allá del sentido que se les había dado inicialmente...

Por diversas razones, que correspondería a la sociología establecer, el mundo cuántico se ha convertido en un pretexto o en un escenario predilecto para muchas posturas charlatanas. Como la física cuántica tiene las espaldas muy anchas y como predice efectivamente fenómenos que escapan a la intuición cotidiana, muchas proposiciones delirantes tratan de encontrar en ella un pseudofundamento. Del mismo modo que la palabra «magnetismo» fue en su día abundantemente utilizada por ciertas corrientes oscurantistas, la palabra «cuántico» parece ser ahora un término que puede utilizarse en determinadas circunstancias para reclamar injustificadamente seriedad científica o para atribuir a la física conclusiones que no son en absoluto suyas.

La situación es compleja. Creo que es esencial *no* considerar que la ciencia es la única verdad sobre la realidad. Los posicionamientos cientistas que querrían reducir la totalidad de los significados o de los modos de existencia a la sola descripción científica me parecen arrogantes e ingenuos. En primer lugar porque la propia ciencia está por supuesto en constante (r)evolución, pero sobre todo porque es evidente que muchas otras dimensiones del pensamiento y de la acción —¡quizá infinidad de ellas!— escapan a ella por construcción. Como sugería Michel Foucault, en un gesto muy nietzscheano, la hierba es muy real para el rumiante que la devora, y no tiene nada que ver con la del botánico...

Sin embargo, no todo vale. Y no cabe duda de que las afirmaciones disparatadas que pretenden basar su autenticidad en una trampa pseudocientífica deben ser desmentidas y refutadas. Reconocer, porque es cierto, que los límites de la ciencia no están claramente definidos no debe servir en modo alguno de pretexto para utilizar la ciencia con el fin de dar pábulo a los peores creacionismos, conspiracionismos, negacionismos, etc., que deben ser combatidos sin desmayo.

Hawking y el multiverso

El último artículo de investigación del que fue coautor el gran físico Stephen Hawking, depositado en la base de datos pública arXiv antes de ser publicado en la excelente revista *Journal of High Energy Physics (JHEP)*, provocó un extraño alboroto mediático. El trabajo estaba dedicado a una descripción dual de la inflación eterna en términos de una teoría de campo conforme euclidiana distorsionada, localizada en el umbral de la inflación eterna. Se trata de un estudio interesante para los especialistas. Sin embargo, no tiene ninguna relación con el trabajo revolucionario sobre el multiverso (digno de un Premio Nobel póstumo, se leyó aquí y allá) que anunció la prensa sensacionalista. Aparte de las citas emanadas del coautor, el artículo solo recogió nueve en dos años. No se trata evidentemente de denigrarlo (y menos aún de olvidar los magníficos trabajos realizados en otros ámbitos por Hawking), sino de poner las cosas en su sitio: el multiverso provoca excesos a veces incontrolados. Pero no se puede negar que fascina incluso a los más grandes científicos.

En estos tiempos tan formateados, creo que todos los entusiasmos son bienvenidos. Todas las exploraciones y apetencias son legítimas. Todos los intentos de pensar fuera del orden deben ser alentados. Pero aun así debemos ser capaces de jerarquizar la fiabilidad de nuestros conocimientos y de nuestras creencias.

12. Metaestratos

El jardín del Edén se perdió por haber
probado el fruto del árbol del conocimiento,
se perdió no por la lujuria sino por la curio-
sidad, no por el sexo sino por la ciencia.

NELSON GOODMAN,
De la mente y otras materias

Multiversos muy múltiples

Lo que hemos recorrido no es más que un islote del multiverso. Las numerosas formas de múltiples mundos aquí
esbozadas distan mucho de agotar la diversidad de esta
misma diversidad. Existen cantidad de otros modelos
que conducen a pluriversos muy diferentes o a otras formas de multiversos en el marco de los modelos ya esbo-
zados.

La mecánica cuántica describe las partículas elementales
con ayuda de funciones de onda. Estas funciones son objetos matemáticos que permiten medir la probabilidad de
que las partículas estén presentes en distintos puntos del
espacio. Explican la deslocalización fundamental que es inevitable a nivel cuántico. Es posible, por ejemplo, seguir

este enfoque y estudiar la función de onda del multiverso sobre el conjunto del paisaje. Hay que tener en cuenta la decoherencia (véase el capítulo 4), que refleja en parte la transición hacia un estado clásico, y entonces emergen ciertas configuraciones como claramente más probables que otras. Incluyendo las fluctuaciones y la energía del vacío aparecen diferentes tendencias que seleccionan los universos «supervivientes». Las predicciones a las que ha conducido este tipo de enfoques para la radiación fósil se han verificado hasta la fecha. Aunque no son convincentes a nivel estadístico, porque las incertidumbres son grandes, su mera existencia es ya notable.

El vacío en la mecánica cuántica

En la física clásica, un espacio desprovisto de cualquier partícula puede declararse rigurosamente vacío. En la física cuántica las cosas no son tan sencillas. Debido al principio de incertidumbre de Heisenberg emergen espontáneamente del espacio pares de partículas y antipartículas. Por tanto, el vacío cuántico dista mucho de estar desprovisto de toda entidad. Estas fluctuaciones del vacío cuántico tienen efectos mensurables que han sido demostrados realmente.

Otros modelos conciben el multiverso de una manera muy diferente. ¡Vuelta a la inflación! Desde el momento en que el campo físico que genera la inflación (el inflatón) presenta varios vacíos metaestables, la estructura en multiverso es inevitable. Un vacío metaestable no es otra cosa que un mínimo local, un estado clásicamente estable pero que no está a la altitud cero. Son los pequeños «valles» mencionados anteriormente, que siendo más bajos que las montañas circundantes, no son necesariamente el lugar absolutamente más bajo de todo el paisaje. Las transiciones entre estos vacíos metaestables, entre estas islas de calma, son posibles gracias al efecto túnel cuántico, que a veces permite lo que la física clásica prohíbe. (Es interesante señalar que las medidas realizadas en el LHC indican que el «vacío» en el que nos encontramos podría ser metaestable. Es una conclusión a tomar con cautela, pero bastante fascinante). En el «fondo» creado por el universo progenitor pueden entonces nuclear y prosperar universos burbuja hijos. De este modo se explora la totalidad del paisaje de vacíos de la teoría. La estructura espacio-temporal resultante es un multiverso en inflación eterna. Las burbujas aumentan a la velocidad de la luz, por lo que aparecerían como líneas inclinadas 45 grados en los diagramas de Penrose (véase el capítulo 2). Si el vacío en el interior de la burbuja tiene una densidad de energía positiva, el espacio se comporta esencialmente como lo que se denomina un «espacio De Sitter» y la expansión perdura indefinidamente, convirtiéndose en el terreno para nuevas nucleaciones de universos.

Pero si la burbuja tiene una densidad de energía negativa (punto T en la Figura 12.1), entonces se dice que el espacio es «anti De Sitter». En este caso se contraerá y terminará su vida en una singularidad similar a un Big Bang visto del revés: un Big Crunch. En ese sentido, las burbujas anti De Sitter serían «burbujas terminales». Pero, como nos ha enseñado la gravedad cuántica de bucles (y como corroboran otros enfoques de gravedad cuántica), es poco probable que esta singularidad sea física, ya que se trata de una predicción de la relatividad general en la que esta deja explícitamente de ser correcta. Por tanto es muy probable que en lugar del Big Crunch, un colapso absoluto, haya en realidad un rebote. Como este rebote tiene lugar a densidades de energía fenomenales, la probabilidad de transición a otro vacío (del punto T al punto B de la figura, por ejemplo) es alta. Esto significa que el universo en expansión que resulta de esta contracción no hereda las características exactas de su universo progenitor. Incluso es posible que distintas partes de la región en contracción transiten hacia vacíos distintos separados por «paredes». Esto engendra un multiverso especialmente rico a partir de una física inicial relativamente pobre.

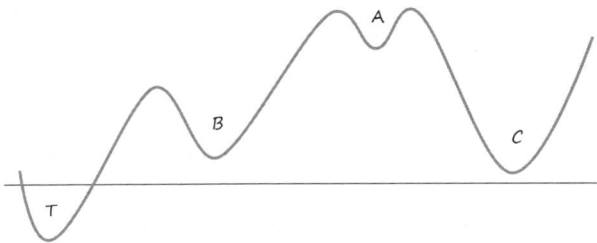

Figura 12.1. Los vacíos metaestables se encuentran en los puntos A, B y C. El punto T corresponde a una energía negativa y, por tanto, a un espacio anti De Sitter, mientras que los puntos A, B y C corresponden a espacios De Sitter.

Con mi estudiante de doctorado Linda Linsefors he seguido un enfoque similar, aunque aún más simplificado, para demostrar que incluso sin transición a valores negativos de la energía, es decir, permaneciendo siempre en un espacio De Sitter, es posible generar un multiverso cíclico. La razón es muy sencilla y muy sutil. La actual aceleración de la expansión de nuestro universo se debe probablemente a una constante cosmológica *positiva*: se trata de un término presente en las ecuaciones de la relatividad general y que induce naturalmente esa dinámica. Pero a menudo se olvida que esta misma constante también puede inducir una fase de contracción exponencial. Cuando hay materia en el espacio, es fácil saber si este se expande o se contrae. Pero cuando el espacio está completamente vacío, que es lo que ocurre tras una expansión suficientemente larga, la diferencia es puramente formal. Por sorprendente que parezca, el mismo espacio puede describirse como en expansión, en contracción o incluso estático con diferentes elecciones, todas ellas legítimas, de las coordenadas.

Aquí es donde sucede algo interesante. El horizonte cosmológico de un espacio De Sitter tiene una temperatura y emite radiación, exactamente como un agujero negro que experimenta el efecto Hawking. Pero cuando se emite una radiación, esto induce de manera natural una determinada foliación (es decir, una «organización» del espacio) para el universo y «decide» por tanto sobre su contracción o expansión. Si está en expansión, la radiación se «diluye» y el universo permanece esencialmente vacío. Pero si ocurre que la foliación inducida está en contracción, entonces las radiaciones verán aumentar su energía y su densidad. Esto acabará inevitablemente sucediendo en algún momento, porque radiación se está emitiendo permanentemente. La densidad acabará por alcanzar un valor tal que se producirá un Big Bounce, un gran rebote, y luego una fase de expansión.

Especulamos por tanto que el contenido de nuestro universo, así como su transición hacia una rama en expansión, podría ser una simple consecuencia de la existencia de una constante cosmológica positiva, es decir, de una propiedad puramente geométrica del espacio.

Otras ideas de multiverso se basan más directamente en la física de partículas elementales. Uno de los problemas más espinosos de esta última proviene de la inmensa jerarquía de intensidad (un factor de aproximadamente cien mil billones) que separa la fuerza gravitatoria de las otras tres fuerzas conocidas (la interacción electromagnética, la interacción nuclear fuerte y la interacción nuclear débil). Este abismo plantea problemas tanto conceptuales como técnicos, y tratar de determinar su origen es un problema importante de la física teórica.

El modelo de Randall-Sundrum, intensamente estudiado en cosmología, intenta resolverlo suponiendo que nuestro universo de 4 dimensiones (tres espaciales y una temporal) no es más que una especie de membrana (o brana) en un espacio más fundamental de 5 dimensiones. Este espacio tendría una estructura de tipo anti De Sitter. En este espacio de 5 dimensiones flotaría también una segunda brana, pero sobre ella la gravedad sería tan intensa como las otras fuerzas. Se la denomina la «brana de Planck». Todas las partículas conocidas estarían confinadas en estas dos branas, a excepción de los gravitones, que propagan la gravedad y que podrían desplazarse también en el espacio pentadimensional dentro del cual están sumergidas las branas. La distancia que separaría los dos universos no sería necesariamente grande, pero fijaría la diferencia de las escalas de energía entre las branas. Jugando con ella se resuelve automáticamente el problema de la jerarquía. Aquí son motivaciones relacionadas con la comprensión de las masas y de las constantes de acoplamiento —es decir, de las intensidades de las interacciones— las que invitan a imaginar la existencia de otro universo (que en una versión de este modelo puede ser empujado al infinito) y de un espacio de prolongación de cinco dimensiones. El microcosmos y el macrocosmos, una vez más, se tocan.

Figura 12.2. Modelo de Randall-Sundrum. La brana (en realidad cuatridimensional) de la izquierda está «a la escala de Planck», mientras que la de la derecha (también cuatridimensional) sería el mundo en que vivimos. Entre ambos, un espacio de inmersión de cinco dimensiones.

Max Tegmark, especialista en el multiverso, sugiere que hay un metanivel que aún no ha sido explorado. Defiende la idea de que la realidad es intrínsecamente matemática.

Nuestro universo, y todos los demás mencionados hasta ahora, corresponden a la realización de determinadas estructuras matemáticas. Pero Tegmark considera que en un cierto nivel todas las estructuras matemáticas deben encarnarse en algún universo. Esta visión sobrepasa con mucho la ya casi inimaginable complejidad del paisaje de la teoría de cuerdas. La riqueza sutil y profusa de las matemáticas dibujaría un nuevo estrato por encima de todos los pluriversos.

Aunque elegante, esta hipótesis me parece relativamente arbitraria y poco fundada. Sin embargo, abre nuevas y vertiginosas perspectivas, sin renunciar a las leyes de la lógica ni de la teoría de conjuntos.

Siendo ya como es muy audaz, esta postura que ambiciona alcanzar la última «capa» de la arquitectura de los múltiples universos me parece finalmente bastante tímida y conservadora. ¿Por qué habría de limitarse la realidad a las matemáticas únicamente?

Pensar el «más de uno»

Todo esto ¿es real? Pero ¿de qué realidad estamos hablando aquí? La ciencia no habla en nombre de la realidad. La naturaleza, en el sentido que se le podía dar por ejemplo a este término en el siglo XVIII, no le ha otorgado ese derecho. La ciencia es una construcción, delicada y refinada, sutil e intransigente, precisa y predictiva, pero sin relación privilegiada con el «noúmeno» de las cosas. Además, todo hace pensar que este «noúmeno» es una ilusión, un fantasma o una fantasía: el mundo no es una cosa dada, es un material para darle forma y esculpirlo de acuerdo con nuestras expectativas o esperanzas. Se trata no tanto de aprehender la forma última e intrínseca de lo que se piensa como de practicar un corte en el campo de las posibilidades. La física es ella misma un universo. No, por supuesto, en el sentido de una zona identificada del espacio o de una bifurcación de la mecánica cuántica, sino en el de un sistema simbólico y cognitivo *elaborado* para responder a necesidades o deseos.

Nuestra historia se ha sentido fascinada, casi hipnotizada, por el *Uno* y por el *Orden*.

Si el concepto de Uno, en su dimensión óntica y metafísica, se asocia a menudo con el neoplatonismo de Plotino, o incluso con el propio Platón en su oposición a lo múltiple (y a sus representaciones, ellas mismas multiplicadas), es significativo que, bajo formas y regímenes de signos a veces divergentes, desempeña un papel original mucho más allá de la filosofía griega. De un modo u otro, el mito, en tanto que «apertura de una boca inmediatamente adecuada a la clausura de un universo», como lo analiza Jean-Luc Nancy, se realiza «dialécticamente» en esta articulación del uno y del orden. Es precisamente en este balanceo como el mito se convierte en «figuración propiamente dicha», tautegórica, en tanto que palabra única entre varias. Hace verdad por sí mismo. Lo observamos en la India con la religión del vedismo, en China con el taoísmo, en Egipto con el Himno a Amón-Ra y en África con las cosmogonías de los dogones. Y, naturalmente, en el corazón de Grecia, en el inmenso poema hesiódico.

Así pues, la obsesión con lo múltiple y el desorden está sin duda arraigada mucho más profundamente en la historia de las ideas que una simple herencia de la metafísica occidental. Tal vez el papel específico de la filosofía en este ámbito haya consistido en consagrar la *identidad* del Uno, del ser y del valor, siguiendo una filiación cuyo argumentario iría de Parménides a Leibniz pasando por Sócrates. Y esta «identicidad» no puede tener lugar (es decir, no puede producirse efectivamente, en un sentido no solo teórico sino también práctico) sino a través de una puesta en orden draconiana y general.

La ordenación del mundo —ese es el significado mismo de su nombre, tanto de *cosmos* como de *mundus*—, ya sea filosófica o científica, se ha articulado en torno a dos visiones aparentemente antagónicas. Por un lado, el orden finalizado, teleológico, asociado a un sentido y una dirección determinados. Por otro lado, un orden necesario, mecanicista, sin propósito ni objetivo. Una tercera vía, que se distingue de las dos primeras y a la vez las entremezcla, la de un orden contingente, fue asimismo «explorinventada». Lo que importa aquí es, más que la modalidad, la recurrencia de este llamamiento y esta llamada al orden.

El multiverso es una formidable ocasión para exportar al campo de la física las cuestiones que algunos filósofos llevan estudiando desde hace poco, por diferentes razones, en diferentes contextos y utilizando diferentes métodos. Pienso en Jacques Derrida y Nelson Goodman, cada uno de los cuales ha sacudido uno de los dos pilares que sostienen el núcleo de la tradición filosófica. Derrida, mediante el sutil juego de la différ*ance*[1], del diferimiento, ha hecho

---

1. Neologismo de Derrida que parte del verbo *différer*, con las dos acepciones de retrasar la realización de algo y distinguirse de algo. Aquí lo hemos traducido por *diferimiento*. (N. del T.).

vacilar la vasta empresa de la *puesta en orden*. Goodman, con la profusión de mundos construidos e irreductibles entre sí, ha puesto en entredicho la *aspiración a la unidad*. Debemos comprender, implícitamente, que la metafísica —y más allá de ella, lo esencial de la filosofía— se ha desarrollado en gran medida a través de una profunda articulación del uno y del orden, volviendo a establecerse sobre uno de sus pilares cuando el otro flaqueaba. Por eso, si hubiera que revisitar —quizá revisar— los fundamentos de la historia (o de una historia) de la filosofía, sería imprescindible utilizar *simultáneamente* las propuestas de Derrida y de Goodman. Para neutralizar la recuperación dialéctica por el otro contrafuerte (por la unidad cuando falla el orden, o por la puesta en orden cuando se inmiscuye la multitud), es importante examinar los conceptos y las estructuras filosóficas según el doble imperativo de la deconstrucción y del nominalismo, según el doble prisma del des-orden de Derrida y de lo múltiple de Goodman. No se puede cuestionar eficazmente el «mito del uno» sin socavar el «mito del orden». Y viceversa. Considerar conjuntamente los sistemas (y por tanto también las desistematizaciones) de Derrida y Goodman sería por tanto no sólo útil sino en última instancia casi indispensable. Como contrapunto a la diferencia de las cuestiones en juego, la diferencia de sus lenguajes es fundamental.

A partir de este malestar latente, si es que no contra él, Derrida se embarcó en una vasta búsqueda de reapropiación del concepto de ley y de distanciamiento con respecto a su preeminencia. ¿Nos atreveremos a llamarla ya una deconstrucción? Es decir, no solo una destrucción y una (re)construcción, sino también un desvío del gesto heideggeriano que permite escapar drásticamente de las dualidades meta-físicas. En otras palabras, un proceso profundo de movilización y renovación de las estructuras. Es decir, y sobre todo, una exigencia de «justicia». Bajo una forma u otra, de manera evidente o subrepticia, la ley —una ley, pero ¿puede no estar articulada dentro de un orden superior?— infecta las condiciones de posibilidad del pensamiento. Derrida, naturalmente, no aborda frontal y genéricamente la cuestión de la ley, de lo legal, del legiferar, del legado. Sin embargo, dicha cuestión se halla ampliamente diseminada por toda su obra y jalona la *mise en abîme* de uno de los cimientos esenciales de la metafísica. Estando claro que ninguna entidad identificable, aislable, explicitable responde estrictamente a esta asignación.

Goodman aborda el otro pilar del edificio: cuestiona la unicidad. Y la cuestiona allí donde precisamente parece más improbable. Inventa la coextensividad de los mundos. No de mundos posibles, como en Leibniz o Kripke. Ni siquiera de mundos reales pero inaccesibles, como en Lewis. Para Goodman, los mundos múltiples están aquí y ahora. Son conformados. Resultan de una práctica y de una simbología. Sus «maneras de hacer mundos» deben tomarse en serio, es decir, literalmente. No como una broma de filósofo analítico que habría que revisar, depurar o atemperar a la luz del austero nominalismo delineado algunos años atrás, sino como una verdadera postura ontológica y metafísica. Esta multiplicidad de mundos, este relativismo radical afirmado como tal, es todo menos un laxismo. Es una exigencia de rigor y responsabilidad que cuestiona los presupuestos más implícitamente incrustados en las tramas de nuestras representaciones. Es notable que esta profusión de mundos, casi descabellada, haya surgido de un árido filósofo analítico manifiestamente poco dado a manipular entidades superfluas. Lo cual podría resultar sorprendente, y con razón.

La historia del multiverso, pensado desde dentro de un esquema derrido-goodmaniano, está aún por escribir.

Figura 12.3. Nuestras maneras de conformar y disponer los sistemas simbólicos forman también un multiverso (foto: Aurélien Barrau).

Relativismo comprometido

Una vez más, no es lógicamente *necesario* recurrir a una filosofía diseminada para abordar la muy científica cuestión del multiverso. Pero sin duda sería lamentable no aprovechar este pretexto para atreverse a pensar fuera de los senderos trillados de las lógicas, las éticas y las estéticas tradicionales. La ocasión es ideal para cuestionar incluso los conceptos más osificados.

Empezando por «la verdad» tan a menudo evocada o invocada en las ciencias. En otras palabras, empezando por lo que debería haber sido el final. Ni Goodman ni Derrida transigen con la verdad. Es una preocupación de cada instante. Es, por así decirlo, la regla —a menos que sea la ley— de sus juegos filosóficos, del mismo modo que es lo no negociable de toda proposición científica. Estructura las modalidades posibles del discurso. Desempeña a la vez el papel de marco y el de paleta. Es el sustrato a modelar y el límite infranqueable. Entreabre y encierra. Lo que importa principalmente no son las definiciones o los usos de la verdad, sino las incomodidades, lo no dicho, las tensiones. ¿Se trata aquí todavía, o ya, de la acepción usual de la verdad, digamos que de la *adaequatio rei intellectus* de Tomás de Aquino, en tanto que herencia difusa de la tradición aristotélica? Cualquiera que sea su concepto explícito, suponiendo que no se resista a toda forma de conceptualización, la verdad se impone como una evidencia cuyos contornos, por indecisos que sean, revelan la necesidad de los proyectos.

Pero la verdad es también un concepto equívoco y peligroso. La verdad ¿es de verdad un concepto? ¿Cómo definir la verdad de la verdad? ¿Deberíamos siquiera intentar definir en este caso? ¿No estamos tocando aquí precisamente lo que no puede sino escapar a la significación diferencial saussureana? Evidentemente, no es cuestión de inmiscuirse en la arqueología inmemorial de esta noción difusa y laxa que sin embargo exige una extrema precisión en toda tentativa de captar sus significados o ramificaciones. Ni Derrida ni Goodman han emprendido tal tarea. Los físicos se mantienen genéricamente alejados de ella como si se tratara de una cuestión apócrifa. La relación con la verdad no es menos obsesiva en sus obras, como quizá lo sea en cualquier empresa filosófica y científica digna de tal nombre. No solo han cuestionado la verdad, han trastornado profunda y duraderamente la verdad-evidencia. ¿Se trata de verdad positivista, entendida como una relación entre el sujeto y el objeto? ¿De verdad idealista, como definición casi performativa de lo verdadero del ser por la conciencia? ¿De verdad pragmatista, como economía del sujeto cognoscente? En otras palabras: ¿verdad de Comte y Popper, de Berkeley y Hegel, o de James y Dewey? A no ser que se trate ya de una inasible oscilación. Pero el élitro, aquí, no puede flotar completamente libre.

Es ciertamente en nombre de la verdad que se debe luchar contra los furores denegatorios frente a los cuales no cabe ninguna tolerancia. Es fácil imaginar las insoportables posturas de negación que hay que combatir sin tregua. Pero también es en nombre de la verdad como se han instaurados los peores totalitarismos y se han justificado los peores colonialismos. Como sostiene Goodman, la verdad es a la vez demasiada y demasiado poca. Demasiada, porque la inmensa mayoría de las verdades son triviales y carecen por completo de interés. Demasiado poca, porque en muchos casos la verdad no es un género relevante: es más bien el «ajuste» lo que importa. ¿Qué sentido tiene la verdad en un mundo pictórico? ¿En un mundo de ficción? ¿En una sinfonía de Beethoven? Es la adecuación lo que tiene sentido.

Es por eso que cabe abogar por un relativismo radical. Pero, contrariamente a la acepción usual del término, este relativismo sería una exigencia. Lo contrario de un nihilismo. El relativismo consecuente es un relativismo comprometido, incluso militante o revolucionario. Es porque integra la fragilidad de las construcciones y la presencia de un peligro siempre latente por lo que nos invita a tomar partido. No es raro oír ciertas corrientes reaccionarias e identitarias, siempre dispuestas a fustigar al primer chivo expiatorio que se les presenta (los extranjeros, los gitanos, los homosexuales, los pobres, los jóvenes, los sin techo, las mujeres...), justificando sus posiciones en nombre de un principio de realidad: no creen en el angelismo y por tanto refutan las posturas sociales o solidarias. Pero es precisamente porque no se trata de apostar por un angelismo irrealista por lo que hace falta comprometerse para aplicar las indispensables políticas de reparto, redistribución, respeto de las minorías y protección de los sistemas ecológicos, ¡que no se inventarán por sí solas! Sueño con una política que un día diga: «Esto no aporta nada a nuestra comunidad constituida, incluso tiene un coste para la nación, pero les acogeremos, les ayudaremos, les amaremos, porque es justo y porque podemos».

El multiverso invita a pensar lo extranjero y la extrañeza. Invita a verlos por lo que son. Invita a invertir el orden de la mitología para encarar una logo-mitia: es el logos, la racionalidad, lo que es primero y conduce casi mecánicamente al *muthos* y sus mundos invisibles. La física conduce a lugares donde no se la esperaba. ¿Es posible no sentir en ello un deleite dionisíaco?

Una cosa es cierta: incluso si estos múltiples mundos existieran, no deberían disminuir en nada —de ninguna manera— nuestro tan necesario deseo de apreciar este mundo. Lo necesita más que nunca. Se está muriendo, por decisión nuestra.

Epílogo

Así pues, no habría «un» multiverso, sino una inmensa diversidad de multiversos, cada uno de los cuales contendría una inmensa diversidad de universos. En esencia son compatibles los unos con los otros. Por consiguiente es perfectamente legítimo imaginar que se combinan y se entrelazan, dando lugar a una verdadera estructura anidada de mundos imbricados. En cambio resulta muy complicado intentar jerarquizarlos, en el sentido de que, en la mayoría de los casos, es arbitrario decidir cuál de ellos contiene al otro.

Las principales clases de multiversos pueden establecerse del siguiente modo. En cada caso se indica brevemente la posibilidad de contrastación.

Multiversos paralelos

La mecánica cuántica, en una determinada interpretación conocida como «de Everett», predice que cada interacción de un sistema cuántico con un sistema clásico engendra un nuevo universo paralelo. Este universo no está situado en algún lugar del espacio o del tiempo: está «en otra parte» en el sentido más radical del término.

Contrastabilidad: muy difícil. En principio es posible contrastar esta interpretación vía la cosmología cuántica, pero de hecho las propuestas formuladas no son viables en la práctica.

Multiversos temporales sin cambio de las leyes

En la cosmología cíclica conforme de Penrose hay una sucesión de eones que provienen de transformaciones matemáticas efectuadas cuando el espacio está esencialmente vacío.

Contrastabilidad: bastante fácil. Las trazas de fenómenos violentos ocurridos en el eón precedente pueden observarse en forma de círculos en el fondo cósmico de microondas.

Multiversos temporales con posible cambio de las leyes

En la gravedad cuántica de bucles, el Big Bang es reemplazado por un gran rebote. Por lo tanto, habría otro universo antes del nuestro. Durante el rebote, es posible que las leyes sigan siendo las mismas, pero también que los gigantescos efectos cuánticos cambien un poco las constantes «fundamentales».

Contrastabilidad: bastante fácil. El espectro de potencia del fondo cósmico de microondas, especialmente los modos B (objetivo de las próximas generaciones de instrumentos), podría conservar claros rastros de los efectos.

Multiversos de agujeros negros sin cambio de las leyes

La extensión natural de la métrica (geometría) de los agujeros negros en rotación, los que encontramos realmente en astrofísica, da lugar a una miríada de hipotéticos universos.

Contrastabilidad: difícil. No hay pistas sobre cómo hacer observaciones directas. Solo una mejora de la comprensión teórica podría avalar o invalidar esta idea.

Multiversos de agujeros negros con posible cambio de las leyes

En gravedad cuántica es posible que un agujero negro «rebote» en lo que se considera su singularidad central en física clásica. La materia podría entonces emerger en un universo hijo. Es concebible que las leyes varíen ligeramente durante el rebote.

Contrastabilidad: fácil. Según este escenario de selección natural cosmológica, las leyes de la naturaleza deberían optimizarse para la formación de agujeros negros. Lo cual es verificable.

Multiversos espaciales sin cambio de las leyes

En relatividad general puede ocurrir (en dos de las tres geometrías posibles en cosmología) que el espacio sea infinito y que los universos (en el sentido de los volúmenes de Hubble) sean por tanto infinitos en número.

Contrastabilidad: fácil. Basta con medir la curvatura del espacio para conocer su geometría y su posible infinitud (suponiendo que se conozca la topología).

Multiversos espaciales con posible cambio de las leyes

En el marco de la inflación surge de forma natural una estructura de multiversos en arborescencia. Si existe un potencial con varios mínimos locales, las leyes efectivas pueden cambiar.

Contrastabilidad: media. El paradigma inflacionario en sí es contrastable, pero esta predicción en particular es más difícil de ponerla a prueba.

Multiversos espaciales con cambio de las leyes

Cuando se combina la teoría de cuerdas con la inflación, las distintas burbujas de universos vienen descritas por leyes diferentes, lo que da lugar a una inmensa diversidad proveniente de las maneras de compactar las dimensiones adicionales.

Contrastabilidad: difícil. La teoría de cuerdas es en sí misma difícil de contrastar. Pero si la teoría llegara a comprenderse lo suficientemente bien como para conocer el paisaje de sus leyes, en principio sería posible hacer probabilísticas en este multiverso.

Los modelos propuestos para estos multiversos no gozan todos ellos del mismo nivel de credibilidad. Algunos (mecánica cuántica o relatividad general) son extremadamente fiables. Otros (teoría de cuerdas) son muy especulativos. Y otros (la inflación, la geometría interna de los agujeros negros) tienen un nivel intermedio de verosimilitud.

Contrastar el multiverso requiere un doble enfoque. Por un lado, se trata de probar su existencia «como tal», lo que, sorprendentemente, es posible en términos estadísticos aunque no podamos, por definición, visitar los otros universos. Por otra parte, se trata de corroborarlo indirectamente confirmando los modelos que lo predicen. Está por tanto claro que los avances solo pueden provenir de un esfuerzo conjunto de la física teórica, la física de partículas y la cosmología observacional. Aunque el multiverso contribuye a escribir un nuevo relato, no se aparta radicalmente de la forma habitual de practicar la ciencia. Pero sí violenta muchos presupuestos que es hora de deconstruir.

Estos múltiples universos son una propuesta sobre el mundo. Pero también son una propuesta sobre lo que esperamos de nuestra ciencia. Y, más allá de eso, tengo para mí que son una invitación a acoger todos esos mundos que son irreducibles al solo campo de la astrofísica: los mundos de la literatura, de la poesía y de las artes, los mundos animales, los universos oníricos y simbólicos... La diversidad es siempre más diversa de lo esperado. Se difracta desde el interior e invita a más humildad —porque lo esencial es *siempre* desconocido— y más coraje, porque descubrir lo otro es *siempre* necesario.

Lecturas de ampliación

Para los aspectos científicos

BARRAU A. *et al.*, *Multivers, les mondes multiples de l'astrophysique, de la philosophie et de l'imaginaire*, París, La Ville Brûle, 2010.

BARROW J., *El libro de los universos*, Barcelona, Ed. Crítica, 2012.

CARR B. (ed.), *Universe or Multiverse*, Cambridge, Cambridge University Press, 2009.

LUMINET J.-P., *Illuminations*, París, Odile Jacob, 2011.

ROVELLI C., *¿Y si el tiempo no existiera?*, Barcelona, Herder, 2019.

SMOLIN L., *Time Reborn: From the Crisis in Physics to the Future of the Universe*, Houghton Mifflin, 2013.

—, *Las dudas de la física en el siglo XXI: ¿es la teoría de cuerdas un callejón sin salida?*, Barcelona, Editorial Crítica, 2016.

SUSSKIND L., *El paisaje cósmico*, Barcelona, Ed. Crítica, 2007.

TEGMARK M., *Nuestro universo matemático*, Barcelona, Antoni Bosch, 2015.

Para los aspectos filosóficos

BARRAU A. y NANCY J.-L., *Dans quels mondes vivons-nous*, París, Galilée, 2011.

GOODMAN N., *Maneras de hacer mundos*, Machado G. de Dist., 1990.

LEPELTIER T., *Univers parallèles*, París, Seuil, 2010.

LEWIS D., *On the Plurality of Worlds*, Wiley, 1986.

MARTIN J.-C., *Plurivers. Essai sur la fin du monde*, París, PUF, 2010.

NANCY J.-L., *Le sens du monde*, París, Galilée, 1993.

ROVELLI C., *El nacimiento del pensamiento científico: Anaximandro de Mileto*, Barcelona, Herder, 2018.

Índice analítico